国家出版基金项目
NATIONAL PUBLICATION FOUNDATION

| 新时代生态文明丛书 |

生态文明体制改革与制度创新

苏利阳　王　毅　马永欢　等 / 著

中国环境出版集团 · 北京

图书在版编目（CIP）数据

生态文明体制改革与制度创新 / 苏利阳等著. —北京 ： 中国环境出版集团，2022.4
（新时代生态文明丛书 / 钱易主编）
ISBN 978-7-5111-5004-2

Ⅰ. ①生… Ⅱ. ①苏… Ⅲ. ①生态文明－体制改革－研究－中国 Ⅳ. ①X321.2

中国版本图书馆CIP数据核字（2021）第268337号

出 版 人 武德凯
责任编辑 丁莞歆
责任校对 任 丽
装帧设计 金 山

出版发行 中国环境出版集团
（100062 北京市东城区广渠门内大街 16 号）
网 址：http：//www.cesp.com.cn
电子邮箱：bjgl@cesp.com.cn
联系电话：010-67112765（编辑管理部）
010-67147349（第四分社）
发行热线：010-67125803，010-67113405（传真）
印装质量热线：010-67113404
印 刷 天津科创新彩印刷有限公司
经 销 各地新华书店
版 次 2022 年 4 月第 1 版
印 次 2022 年 4 月第 1 次印刷
开 本 787×960 1/16
印 张 12.5
字 数 220 千字
定 价 88.00 元

《生态文明体制改革与制度创新》
贡献作者
（按照姓氏笔画排序）

马永欢　王凤春　王海芹　王　毅　刘汉初
刘宝印　苏利阳　吴初国　张丛林　林　慧
周道静　郭　锐　曹清华　程多威　樊　杰

总　序

随着全球城镇化和工业化的持续推进，世界环境形势日益严峻，对国际政治、经济、贸易及科技发展产生了极其深远的影响，成为构建“人类命运共同体”的主要挑战。目前，低污染、低排放、资源循环利用及对人类和生态系统健康的维系已成为各国政府和人民关注的焦点，全球环境问题的协同治理和绿色可持续发展的逐步推进成为各国的共同愿景。中国正积极参与全球生态建设，成为全球环境治理重要的参与者、贡献者、引领者。当前，迫切需要更多地提出中国方案、贡献中国智慧，以提升中国在全球环境治理中的国际话语权，为国际社会提供更多的公共产品，切实推动构建“人类命运共同体”的全球进程。

党中央和国务院把生态文明建设摆在治国理政的突出位置，明确指出生态环境是关系党的使命、宗旨的重大政治问题，也是关系民生的重大社会问题。党的十八大以来，生态文明建设一直被摆在国家发展的突出位置，已经融入经济建设、政治建设、文化建设和社会建设的各个方面及各项进程之中。党的十九大将建设生态文明提升为中华民族永续发展的千年大计，明确必须树立和践行“绿水青山就是金山银山”的理念，到2035年总体形成节约资源和保护环境的空间格局、产业结构、生产方式、生活方式，生态环境质量实现根本好转，美丽中国的目标基本实现。习近平总书记在2018年全国生态环境保护大会上发表重要讲话，强调要自觉把经济社会发展同生态文明建设统筹起来，着力解决生态环境突出问题，坚决打好污染防治攻坚战，全面推动绿色发展，使我国生态文明建设迈上新台阶。2020年10月，党的十九届五中全会把“生态文明建设实现新进步”作为“十四五”时期经济社会发展的6个主要目标之一，并明确提出了2035年基本实现社会主义现代化的远景目标——广泛形成绿色生产生活方式，碳排放达峰后稳中有降，生态环境根本好转，美丽中国建设目标基本实现。

为了系统性地回顾和总结中国生态文明建设的发展历程和取得的重大成绩，深入剖析新时代生态文明建设面临的挑战，更好地发挥高等院校的“智库”作用，国家发展改革委、清华大学生态文明研究中心和中国高等教育学会生态文明教育研究分会共同组织了“新时代生态文明丛书”的编著工作。本丛书以国家发展改革委为指导单位，由钱易院士担任主编、温宗国教授担任副主编，共有100余位专家、学者参与其中，在组织编写的过程中召开了数次研讨会和书稿审议会，广泛征求了各方意见。

“新时代生态文明丛书”定位为具有较高学术深度的科普读物，内容尽力体现科学性、系统性、权威性和可读性，力图反映新时代生态文明建设的总体思路与发展方向，梳理了中国生态文明的发展历程、新时代生态文明的重要思想，凝聚了近年来中国生态文明建设领域部分相关理论问题、政策分析和实践探索等前沿性研究成果。丛书编著委员会结合新时代生态文明建设的重要内涵和当下的热点问题，将新时代生态文明建设总论、生态文明体制改革与制度创新、生态文明建设探索示范、城市发展转型、生态农业工程、自然生态系统保护、生态文化与传播、绿色大学建设等重大主题作为丛书各分册的核心内容。

习近平总书记在2018年全国生态环境保护大会上指出，我国“生态文明建设正处于压力叠加、负重前行的关键期，已进入提供更多优质生态产品以满足人民日益增长的优美生态环境需要的攻坚期，也到了有条件有能力解决生态环境突出问题的窗口期”。面向2035年基本实现社会主义现代化的远景目标，党的十九届五中全会重点部署了“推动绿色发展，促进人与自然和谐共生”的任务，着重强调要加快推进绿色低碳发展，持续改善环境质量，提升生态系统质量和稳定性，全面提高资源利用效率。希望本丛书的出版能够系统地展示我国新时代生态文明建设的探索之路，凝集一批生态文明先行示范区和试验区的优秀经验与典型案例，为社会各界全面深入地了解新时代生态文明建设的国家战略提供参考，对生态文明建设过程中需要破题的重要改革实践给予启发。

钱　易　温宗国

2020年12月30日

前 言

生态文明建设已成为我国社会主义现代化建设中最重要的目标愿景之一，体制改革和制度建设作为促进人与自然和谐共生现代化、治理体系和治理能力现代化的重要保障，受到前所未有的重视。以党的十八届三中全会启动全面深化改革为起点，我国生态文明体制改革已经有近10年的历程。其间，我国从源头严防、过程严管、后果严惩的角度勾勒了生态文明制度框架，就自然资源资产化管理、国土空间规划和管理、生态环境治理体系、绿色发展制度等作出统筹安排，立起了生态文明体制改革的“四梁八柱”，全社会推动生态文明建设和绿色发展的自觉性、主动性、创造性显著增强。

然而，由于理论方法缺乏支撑、决策机制欠缺科学完善、跨部门改革任务协调不足、改革触及部门和地方实际利益等原因，尽管我国在发展和治理能力上有了系统提升，正在践行新发展理念，但实现生态文明领域治理体系和治理能力现代化的目标并非易事。当前，生态文明领域的行政管理体制和职能配置仍有待进一步优化，基于发展与保护的关系，对生态系统完整性的统筹协调机制仍需强化；绿色发展的市场化机制设计面临重大挑战，生态产品价值实现、自然资源资产负债表、生态环境损害等缺乏坚实的理论方法作为指导，用能权、用水权、排污权、碳排放权交易等市场化政策工具仍需加强统筹协调并实现实质性突破；资源、环境、生态监管之间的关系有待进一步厘清。为了突破协同推进高质量发展和高水平保护的困境，我国生态文明制度建设和体制改革亟须加速推进和完善。

本书主要围绕生态文明体制改革和制度创新开展研究，设置治理体系、管理体制、自然资源管理、国土空间治理、河湖流域治理（河长制）、试验区建设、生态环境监测体制、生态文明法律体系8个章节。在编写过程中，通过召开系列专题座谈会和调研会，笔者增进了对生态文明建设相关部门工作的系统认识，以及对典型地区生态文明体制改革的实际了解。

著作组专家来自中国科学院科技战略咨询研究院、自然资源部信息中心、国务院发展研究中心资源与环境政策研究所等单位，均在各领域从事多年战略和技术研究工作，承担过相关国家级重大规划文件的牵头起草和编制工作，具有很高的学术水平、战略视野与实践经验。本书各章节作者有王毅、苏利阳（第1章），苏利阳、王凤春（第2章），马永欢、吴初国、曹清华、林慧（第3章），樊杰、郭锐、刘宝印、周道静、刘汉初（第4章），张丛林（第5章），苏利阳（第6章），王海芹（第7章），程多威（第8章）。

本书内容可供生态文明建设、绿色发展及相关领域的学者、政府和企业的管理人员及专业人员借鉴与参考。由于时间仓促，书中还存在不少问题，在此也欢迎广大读者批评指正。

作　者

2021年10月

目 录

CONTENTS

CONTENTS

第1章

构建中国特色社会主义的生态文明治理体系

XINSHIDAI
SHENGTAI WENMING
CONGSHU

2013年11月，党的十八届三中全会通过的《中共中央关于全面深化改革若干重大问题的决定》（以下简称《决定》）提出，“全面深化改革的总目标是完善和发展中国特色社会主义制度，推进国家治理体系和治理能力现代化。”习近平总书记在《求是》杂志发表题为《切实把思想统一到党的十八届三中全会精神上来》的文章，对国家治理体系和治理能力的理论内涵进行了阐述，指出国家治理体系和治理能力是一个国家制度和制度执行能力的集中体现，前者指党领导下管理国家的制度体系，后者指运用国家制度管理社会各方面事务的能力。

本章聚焦于生态文明建设领域，从政府与社会、中央与地方、部门之间、法律制度的角度凝练了中国生态文明治理体系的基本特征，总结了中国特色社会主义生态文明治理体系的优点，提出了治理体系的改革方向。

1.1 生态文明治理体系的内涵与意义

1.1.1 生态文明治理体系的内涵

“治理”一词在西方由来已久，其英文“governance”的原意是控制、引导和操纵。1989年，世界银行在讨论非洲援助时首提“治理危机”，其后在1992年发布的年度报告又以《治理与发展》为题，赋予了“治理”新的含义[1]，使其涵盖范围远远超出了政治学和行政管理学的传统含义。西方学界之所以提出治理理论，目的是在公共领域实现“由统治到共治”的转换，主要是为应对市场失灵和政府失灵，特别是公共管理失效的问题。西方强调通过政府、企业和社会的合作共治有效解决公共事务，以低成本提供公共产品，如诺贝尔经济学奖获得者奥斯特罗姆就提出了自治组织管理公共物品的新途径，在政府和市场之外开辟了新的渠道，从而为解决哈丁“公地悲剧”提供了新办法[2]。

进入21世纪，“治理”也成为我国学术界的重要概念，首先被经济学家引入用于讨论“公司治理”等问题，其后才逐步在政府管理、公共管理等领域被广泛采用。但鉴于我国与西方历史文化和经济政治体制的巨大差异，西方学术界的治理理论难以直接套用，特别是在党的十八届三中全会首提国家治理体系和治理能力现代化以后，探索研究适合我国基本政治制度、社会经济体制和历史文化背景的本土化治理理论显得尤为重要和紧迫。按照现代行政管理学，“治理”是指建立政府、市场和社会等多利益主体参与、合作与互动的一系列制度、机制和过程，通过行使和分配政治、经济、行政权力来管理公共事务。运转良好的治理也称“良治”（good governance）。

生态文明治理体系是国家治理体系在生态文明建设领域的具体体现。首先，它是建立在世界各国，特别是西方发达国家环境保护实际做法和经验基础上的，尤其是在20世纪60年代以后，历经政府、企业和其他各种社会主体之间长期的对抗与合作互动，基本形成了由政府、企业和民间团体共同参与生态环境保护的体制、制度和机制[3]。其中值得关注的是，国际上生态环境保护的市场专业服务体系和民间公益服务体系已经获得了比较广泛的发展，各种市场主体和社会组织已经成为生态环境保护的主要支柱；企业环境管理认证、信息公开、公众咨询与听证、公益诉讼与公民诉讼等多元化的生态环境保护手段也获得了比较广泛的应用。其次，从各国的实际经验来看，目前尚难准确判断生态文明治理体系的具体模式和治理效果之间到底存在多大的相关性，但还是可以基本识别出政府、市场和社会多元主体共同参与，行政、经济和社会管理等多元手段共同应用，强化自愿行动和合作协商等基本特征，并且可以看到某些国家在建立现代生态环境治理体系和推进生态环境“良治”方面已经取得了显著进展。最后，生态文明治理体系也是可持续发展和“良治”理论在各国发展应用的结果。它既强调体制机制建设，也强调治理能力和效果；既重视普适的生态环境价值观，也重视特定的历史发展条件。在我国，生态文明治理体系是由以往的资源与环境保护治理体系演化而来的，是我国国家治理体系的有机组成部分。生态文明治理体系可以理解为在党的领导下，政府、市场和社会在体制机制、法律规范和文化习俗的基础上，依照生态系统的基本规律开展合作互动、共同进行生态环境保护的过程。

总体而言，生态文明治理体系具有以下内涵和特征：

一是在治理主体上，要形成政府、企业、社会共担责任和共同参与的格局。所谓治理主体，指生态文明建设的实施者和利益相关者，包括负责和参与制度构建、政策执行及监督的所有组织和公民。基于治理理念的要求，生态文明建设及环境保护要从政府主导的局面转向“政府调控、市场推动、企业实施、公众广泛参与”的模式，治理主体通过合作互动、相互监督、相互制约共同保护生态环境。在治理主体共同参与的情况下，需要明确各自在生态文明建设中的职责，处理好政府与市场、政府与社会的关系，遵循法治原则以促进实现治理主体之间的相互监督、相互制约，并加强合作。

二是在治理手段上，要以法治为基础，采用多元手段，形成一整套相互协调、相互配合的政策工具。构建生态文明治理体系需要采用多元手段，综合运用法律、经济、技术和行政等手段，推动强制性、市场化、自愿性手段相结合，有效发挥各种手段的协同效应，以最小的治理成本获取最大的治理收益。采用多元化治理措施还要避免利益相关方相互冲突，促进其相互协调、相互配合，追求合作多赢。因此，在健全治理手段的过程中，要考虑不同群体的利益，建立健全交流互动机制，促进治理主体也就是利益相关方之间的平等、民主、协商。

三是在治理机制上，要基于法治的协商民主实现多方互动，从对立走向合作，从管制走向协调。治理机制，可以理解为治理主体间互动、制衡、合作和达成共识的方式。这既包括传统“统治”或者“管理”要求的“自上而下”的管控和服从，也包括治理要求的“自下而上”和横向的互动，以实现平等、协商。在生态文明治理体系中，需要构建各利益相关方公平且相互依赖的主体间关系，因此其互动也应更加强调采用依法协商的方式，避免仅仅依靠“自上而下”或简单强制的方式寻求共识。这一过程将促进各利益相关方从相互对立走向相互合作，从“自上而下”的管制走向相互之间的协调。要保障各治理主体拥有充足、公平的参与机会和权利，形成共识，依法保护生态环境，促进形成绿色发展方式。

四是在治理功能上，要实现对生态系统及其服务功能的整体保护，保证环境公共产品和服务的有效提供，并促进实现绿色转型和发展。在理论上，生态系统的整体性、相互关联性和服务功能多样性决定了只有从整体出发优化配置各相关要素，才能产生最优服务功能。在实践上，只有在生态文明治理体系中充分考虑生态系统的完整性和关联性，以及绿色转型发展的渐进性、协同性和创新性，通过政府、市场、社会等各种政策措施的综合应用，才能保障生态系统的供给、调节、文化及支持服务功能作用的全面发挥，最大限度地提供规模化、优质化、多样化的环境公共产品和服务，满足社会日益提高的环境质量、安全健康和可持续发展的需求。

1.1.2　健全生态文明治理体系的意义

1. 健全生态文明治理体系是全面深化改革总目标的重要内容

《决定》提出"全面深化改革的总目标是完善和发展中国特色社会主义制度，推进国家治理体系和治理能力现代化"。因此，完善国家治理体系就是要健全各领域法律法规、体制机制和具体管理制度，形成一整套紧密相连、相互协调、运行流畅的制度体系，支撑和推动国家与社会发展。《决定》提出"紧紧围绕建设美丽中国深化生态文明体制改革，加快建立生态文明制度，健全国土空间开发、资源节约利用、生态环境保护的体制机制，推动形成人与自然和谐发展现代化建设新格局"，并进一步明确"建立系统完整的生态文明制度体系，实行最严格的源头保护制度、损害赔偿制度、责任追究制度，完善环境治理和生态修复制度，用制度保护生态环境"。因此，健全生态文明治理体系是全面深化改革总目标的重要内容。

2. 健全生态文明治理体系是资源与生态环境保护的客观要求和现实需要

自20世纪70年代末以来，我国的生态环境保护已走过40多年的历程，尽管取得了不可否认的成绩，但存在的问题也十分突出，大气、水、土壤等正形成区域性、流域性污染格局，同时持久性有机污染物等新型污染不断涌现和加剧。在全面建成小康社会目标的压力下，建设良好的生态环境显得尤为紧迫。导致我国生态环境问题的原因，既与自然因素、经济发展阶段有关，也与主观认识、法治和体制机制等因素密不可分，如尽管生态环境主管部门的行政地位不断升格，但其职能对其他中央部门和地方政府缺乏有效制约；相互联系的生态系统各要素由不同部门负责管理，同时这些部门之间又缺乏相应的协调机制，未能符合生态系统完整性的要求；等等。因此，面对严峻的生态环境压力，需要构建符合生态系统规律的治理体系。

3. 健全生态文明治理体系是政府职能转型、提高行政体制运行效率的重大举措

政府机构的使命是建立一个尽可能有效的行政组织，追求高效是政府执政的内在要求。作为一个转型国家，我国正面临行政效率低下、部门分割、信息壁垒等问题。推进生态文明治理体系改革有利于在体制上解决部门职能交叉、各部门各行其是、条块关系不顺等问题，从而全面提升生态文明建设领域内的行政管理体制运行效率，减少财政资源、人力资源的无效利用，并让人民群众有更多的获得感。

1.2 生态文明治理体系的现状特征及其优势

1.2.1 生态文明治理体系的现状特征

我国现行生态文明治理体系是在传统计划体制下萌发，并伴随历次行政体制改革及生态环境问题的不断演化而逐步形成的。经过多年的发展和实践，我国初步形成了以政府为主、企业和社会组织有所参与的资源环境管理体系，并成为生态文明治理体制的基础。从政府和社会协同治理的角度来看，现代意义上的治理体制已开始出现。总体而言，生态文明治理体系具有以行政管理为主导、部门专业分工与地方负责制相结合、多层次决策实施的特点。

1. 治理主体上，初步形成了共抓生态文明建设的大格局

改革开放以来，尽管国家实施了市场化改革，推进了政企分离，各类企事业单位和各种民间组织开始发展，初步形成了多元治理格局，但在具有强烈外部性和公共物品属性的生态文明建设领域，政府仍是最重要的治理主体，并主要涉及政党、立法、行政三个主体，而司法在生态文明建设领域的作用近几年才刚刚起步。

党中央主要负责提出和确立我国资源与环境保护的方针和战略，进而引导各主体的行动。自党的十八大以来，党中央相继提出将生态文明建设纳入“五位一体”总体布局、推进生态文明体制改革、建设“美丽中国”等，反映出生态文明建设被提到前所未有的地位。党的主张和人民意志的统一为推动生态文明建设注入更大的动力，促进大规模行政资源和财政资源投入生态文明建设领域。

资源与环境保护方面的法律主要由全国人民代表大会系统制定、审议和颁布。

迄今为止我国构建了以综合类、污染防治类、资源和生态类为主的资源和环境保护法律体系，并根据生态文明建设的要求统一制定和修订相关法律，为生态文明建设领域的改革和制度建设提供了法律保障。过去30多年，我国先后在《中华人民共和国宪法》（以下简称《宪法》）、《中华人民共和国刑法》（以下简称《刑法》）等基本法律中规定了一系列有关生态环境保护和资源利用的法律规范；先后制定了一系列综合类生态环境方面的法律、环境保护与污染防治方面的法律、资源利用和管理方面的法律。从法律内容来看，现有法律重实体规定、轻程序规定，很多法律制度都缺乏必要的实施程序，严格性和可操作性不强；法律规定偏向原则性规定，还有赖于相关部委和地方的进一步细化，这为具体执行留下了较大的裁量空间，特别是由于历史上形成的惯例，以行政部门为主进行立法的色彩浓重。

行政部门负责落实和细化党中央提出的重大战略方针，根据法律法规制定资源与环境保护具体政策，组织实施重大项目和工程。经过历次行政体制改革和部门演变，我国逐步形成了一套行政管理主导、多部门分管、多层次决策实施的管理体制机制，形成了综合经济、自然资源、生态环境的“三大部门板块”（图1-1），特别是按照土地、森林、水、农业等单门类资源形成了资源与环境保护的专业化管理体制。各有关部门面向生态文明建设设计实施了一系列生态建设工程、节能减排工程等，强化了专业管理。

综合经济部门	负责环境与发展的综合事务协调、重大项目安排、预算等	实施《中华人民共和国节约能源法》《中华人民共和国清洁生产促进法》《中华人民共和国循环经济促进法》等
农、林、水、土等部门	负责自然生态保护的监管职能、自然资源资产管理、相应的监测体系	实施《中华人民共和国水法》《中华人民共和国森林法》《中华人民共和国草原法》《中华人民共和国海岛保护法》等
生态环境保护行政机构	负责环境保护的监督管理、污染监测	实施《中华人民共和国环境保护法》《中华人民共和国大气污染防治法》等

图1-1　资源与环境保护管理体制的“三大部门板块”

2. 治理手段上，以行政手段为主、以市场机制为辅

美国一位知名的环境法学者写道：美国建立了行政体系去实施环境法律，此后它塑造环境法律。对于中国而言，也许反过来说更为恰当，资源与生态环境行政管理体制塑造了相关的法律及其制度体系，此后法律又强化了行政管理机构体系及其行为。在计划经济向社会主义市场经济转型的过程中，相关部门仍习惯性地采用传统的行政手段，市场化手段虽逐步增加但仍未成为主流。

依照综合经济部门的职能，建立和形成了涉及清洁生产、循环经济、节能、可再生能源等方面的发展规划制度、评价指标体系和考核制度、价格和税收优惠制度、专项资金和基金制度等，确立了一些有利于资源与生态环境保护的财政、税收、价格、信贷、产业、贸易等方面的政策。依照自然资源管理部门的行政管理职能，确立了国家资源所有权由国务院代理的规定，确立了资源有偿使用制度，在土地、矿产等领域引入了比较完整的市场交易制度。例如，在《中华人民共和国民法典》（以下简称《民法典》）和《中华人民共和国土地管理法》（以下简称《土地管理法》）及相关法律中规定了土地所有权、使用权和相关用益物权，规定了国有土地使用权出让和转让的制度机制；调整了单纯强调资源开发的政策，实施了资源开发、利用与保护、增值并重的方针，逐步建立了各种资源保护制度，包括开发许可制度、总量占补平衡制度、生态补偿制度等。依照生态环境部门的行政管理职能，在环境管理的主要环节逐步建立了相应的行政管理制度和技术规范，在项目准入方面建立了环境影响评价、“三同时”等制度，在监管督查方面形成了排污许可、总量控制等制度；同时，逐步扩展环境经济手段的应用，环境保险和排污权交易制度在地方试行。

在实际管理过程中，除国有土地使用权、矿业权出让和转让中的市场机制作用相对较强外，以行政规划、行政许可、行政检查、行政强制等为主的行政管制制度和措施占有压倒性的地位，各种财政、税费、价格、信贷、产业、贸易等方面的制度和措施还比较零散，对资源与生态环境利用行为的调节作用不大，如环境税基本上只是起到了筹集政府财政收入的作用。在排污总量控制和用水总量控制尚不完善的情况下，部分地方试行的排污权、水权交易的作用十分有限。

3. 治理机制上，整体呈现“自上而下”和社会有限参与的局面

第一，决策过程强调行政部门主导。以全面深化改革为例，我国成立了由习近平总书记牵头的中央全面深化改革委员会，建立定期审议制度，对改革任务进行分解细化，明确了责任主体，规定了成果形式、任务分工和时间节点；同时，引入了第三方评估机制。总体来看，现行决策机制具有行政主导特征，行政部门承担着起草方案的主要责任，社会和企业参与决策的渠道并不十分畅通。

第二，央地互动是决策过程的主要特征。我国在决策过程中存在着央地互动的特点，尤其是在以试点为基础的政策制定过程中，这提高了决策的科学性。中央在规定原则和政策目标的同时，考虑各地方的差异性，鼓励地方开展多样化探索。目前，党中央的战略方针和国家法律大多是原则性规定，或者宽泛的政策目标和重点，并不像西方国家那样做出详细的规定，这也为地方执行预留了空间，以便于适应当地情况并增强地方解决实际问题的能力。成功的试点经验会被吸纳到国家的政策方针当中。

第三，企业和社会组织开始在生态环境保护方面发挥越来越多的作用，但总体上仍然受到限制。经过30多年的发展，企业开始在生态环境保护方面发挥作用。一些跨国企业和国内央企、大型民企开展了“绿色”行动计划，支持民间环保行动；环保企业广泛进入城市污水处理和一些工业企业的污染治理活动中；节能环保产业成为战略性新兴产业，既推动了生态环境保护，又促进了经济发展。环保民间组织也迅速发展起来，在环境信息公开、环境决策参与、野生动植物保护等领域开展了一系列活动，引起了社会各界的广泛关注。但总体来看，与国家相比，社会参与力量仍然偏弱。

1.2.2 现行生态文明治理体系的优势

1. 拥有强大的行政和社会动员能力，有助于做到“言必信、行必果”

我国治理体制强调“自上而下”的管控，强调上级政府对下级政府的天然权威，这意味着具有高度权威性的党中央做出的决策易通过调动国家和全社会的力量落实和实施。这主要体现在以下3个方面：

一是在决策上具有高效性。从决策角度来看，由于不存在西方烦琐的决策程序和众多特殊利益集团的反对，党中央能够迅速将治国理念转换为国家法律、政府政策。在生态文明建设领域，21世纪以来我国相继提出了循环经济（2003年）、低碳发展（2010年）、生态文明建设（2012年）、绿色发展（2015年）等一系列新的发展理念，组织实施了一大批生态建设、节能环保工程和项目，在实践中取得了重大成果，有效应对了严峻的资源与环境挑战。

二是在执行上能够集中必要的资源。政府拥有强大的资源调配和动员能力，因而能够集中有限的资源用于优先事项，为落实有关决策和目标奠定必要的基础。围绕生态文明建设的核心任务特别是约束性指标的实现，我国可以“自上而下”地集中必要的财政资源、行政资源，采取必要的行政、经济和法律手段，为最终实现重点目标奠定了必要的基础。

三是在结果上有助于做到“言必信、行必果”。在高效的决策机制和执行机制的基础上，我国能够实现既定的国家目标。纵观“十一五”以来每个五年规划中的约束性指标，以及国家领导人向国际社会做出的到2020年应对气候变化的承诺，目前都已经完成或超额完成。习近平总书记特别强调“绿色承诺”，这有助于向国际社会传递中国的坚定信心和充足诚意。

2. 专业化管理体制形成了提高能效、解决常规污染的成熟经验和模式

经过40多年的实践，我国形成了专业化的资源高效利用与生态环境保护管理体制，在以发展为导向的体制中强化了资源与生态环境保护方面的专业管理，并形成了一系列资源与生态环境保护的有效经验，构成了推进可持续发展的重要基础。

在资源利用方面，通过研究设定资源效率指标、聚焦重点产业和企业、鼓励清洁生产和发展循环经济、实施节能工程和项目，我国的资源、能源利用效率得到了大幅提升，部分领域（如煤电能耗）已经处于世界领先水平。在常规污染防治方面，通过建立工程减排、管理减排、技术减排，实现了主要污染物排放总量的大幅降低，连续三个五年的污染物排放总量减排目标顺利实现；在大气、水、土壤污染防治行动计划的指导下，解决跨行政区的区域性大气污染、土壤污染和流域性水污染问题的模式正在形成，并正在不断探索完善过程中。在生态保护方面，随着20世纪90年代末大规模生态建设和保护工程的开展，通过综合生态系统管理，保护生态系统完整性、提高生态系统服务功能、形成区域生态保护模式已经逐步成为共识。

专业化的部门体制还降低了属地管理及市场经济发展的负面影响。改革开放后，地方政府在“发展为第一要务”的导向下，推动大量资金和资源投入经济发展领域，同时带来了严峻的资源开采、环境污染和生态破坏问题。而专业化的部门管理，特别是组织实施大规模的生态建设工程、节能减排工程和项目，加大了在公共服务、生态建设方面的有效投入，在一定程度上遏制了这些负面影响。专业化管理和工程项目力图做到目标明确、预算结构清晰、过程管理严格、程序技术合理、审计监督规范，对有些地方政府过于追求经济增长而忽视生态文明建设的行为形成了一定的制约作用。

3. 基于实践和试点经验的政策制定过程具有较好的创新性并有助于能力建设

纵观我国的改革过程，成功的改革往往是在各种市场主体和基层实践交互作用下形成的结果。通过鼓励多个地方开展试点试验，为最大限度地探寻解决问题的不同方式创造了体制条件。我国治理体制鼓励地方开展多样化的探索，并善于将地方经验总结上升为国家政策，这让我国有了很多“干中学”的经验和较强的适应能力。作为资源环境承载力有限的快速发展中国家和转型大国，这种学习性和适应能力至关重要。

在生态文明建设领域，我国部署了多种多样的试点试验，包括生态文明建设示范区、生态文明先行示范区、海洋生态文明建设示范区、水生态文明示范区等。尽管相关试点试验示范存在部门化示范倾向，但也鼓励了地方政府的创新，激发了地方广泛的创新精神和引领作用，进而为中央决策提供了广泛的学习资源。利用特定的央地互动机制，包括“自上而下”的检查、调研，以及“自下而上”的互动交流机制，成功的地方创新有望被吸纳到国家决策中，进而在全国范围内得以实施。环境质量监测事权上收就是一个典型例子，它是在山东等地方经验的基础上向全国范围内推广的，有效改善了全国环境质量数据的可靠性和真实性。

1.2.3 现行生态文明治理体系存在的问题

1. 生态文明管理体制和制度依旧存在统筹协调不足、碎片化现象等问题

党的十八大以来，党中央在生态文明建设中发挥了极其重要的统筹协调作用，实施了生态文明领域的大部制改革，按照山水林田湖草沙系统治理的理念优化了相关管理制度。但生态文明领域的大部制改革只能解决环境内部各个要素的协调，而无法处理环境与自然资源管理、经济发展之间的关系。在经济社会发展面临多重挑战、生态系统保护实施综合治理的情况下，统筹协调不足的问题尤为突出。

一是发展和保护之间的统筹协调不足。当前，我国在生态环境保护理念和战略选择上已逐步从“经济优先”转变为“发展和保护并重”，但从“增长优先”向“保护优先”转变绝非一蹴而就，需要有效把握节奏。从宏观层面来看，过快转向“保护优先”等问题依旧普遍存在。在2016年的中央环保督察，2017年的“煤改气”行动，2021年的碳达峰、碳中和工作中，有些地方出现了因环保、能耗“双控”而停工停产、拉闸限电的情况，对地方经济发展和人民生活造成了影响，也引发了对相关政策的质疑。从微观层面来看，面对越来越严格的保护政策，有些地方还没有探索出适合当地的发展路径。

二是生态文明制度内部存在碎片化问题。尽管历经长期的努力，但目前生态文明内部相关制度的碎片化问题依旧存在。在国土空间规划领域，2018年国务院机构改革明确由自然资源部负责主体功能区制度、城乡规划和土地利用规划制度，形成统一的国土空间规划。但与此同时，国家也推行“三线一单”制度改革，其与国土空间规划存在概念内涵不统一、职能交叉冲突和传导机制不畅等问题，亟待加强各级“三线一单”编制和国土空间规划之间的统筹、协调与衔接。在政府内部，不同部门之间的协调机制不畅，经常出现制度建设碎片化的局面。例如，自然资源资产负债表与领导干部自然资源资产离任审计的方案和试点各自编制，数据来源、方法学完全不同，在时间尺度、空间尺度上难以对接。

2. 生态文明治理结构仍有待优化，决策机制和执行仍需提高科学性

随着生态文明体制改革越来越进入深水区和攻坚期，各利益主体的博弈越来越突出，亟须建立更科学、更民主的改革决策和执行机制。

一是决策机制方面以行政主导型为主。党的十八届三中全会以来，我国基本上实行的是行政主导型改革决策机制，在决策过程中利益相关方参与不足。例如，对公众而言，在参与生态文明建设方面基本是关注度很高、参与性不强，要求很高、主动性不强，权益性增加、责任性淡薄。尽管规定了听证会、征求意见等机制，但公众参与的形式大于内容，难以发挥制约作用。再如，在镉大米治理中，种植结构调整方案是由科研单位与农业主管部门主导制定的，由于农户和新型经营主体参与不够，新种子的研发未兼顾其对产量的需求，导致农民和新型经营主体不愿意选择低镉种子。

二是生态文明建设政策执行存在偏差。由于中央和地方之间存在着“激励不相容”和“信息不对称”的问题，再加上在政策执行过程中地方拥有自由裁量权，“上有政策、下有对策”的情况时有发生。

3. 在治理手段和机制上，激励性机制有所欠缺

从生态文明体制改革专项方案的具体内容来看，大多是对政府、企业和公众采取的约束性措施。对党政领导干部实施生态环境损害责任终身追责、自然资源资产离任审计、生态文明绩效考核等在结果运用上通常强调惩罚机制，如一票否决，而奖励机制则以通报表扬为主，尚未与财政奖励、土地指标、项目安排等要素进行充分挂钩。对于企业而言，虽然形成了环境影响评价、达标排放、总量控制、排污许可、环境执法和司法等责任机制，但刺激企业探索绿色发展的激励政策尚未完全建立健全。对于社会公众而言，国家公园体制改革等也部分地约束了公众行为，但相应的绿色消费激励措施却未得到重视。约束性措施可起到震慑作用，但同时也可能会抑制积极性。

1.3 生态文明治理体系的改革目标与任务

构建生态文明治理体系是一个长期的过程，需要政府与社会“自上而下”和

“自下而上”反复地互动互进。当前，在深化生态文明体制和制度改革的背景下，我国生态文明治理体系正处在一个关键性的转轨阶段，需要社会各方认真总结经验教训，有效借鉴国际经验，研究探索适应我国生态文明建设总体目标和具体国情的发展道路。综合近年来国内有关研究成果，本节尝试提出我国生态文明治理体系的改革设想。

1.3.1 总体目标

按照国家治理体系和治理能力现代化、生态文明建设和依法治国的总体要求，针对当前国家生态文明治理体系存在的主要问题，改革和构建生态文明治理体系的总体目标是，在完善现代市场体系、转变政府职能、推进法治建设、强化社会治理的大背景下，通过重塑行政管理体制，建立分权制衡、相互协调、运行高效的管理体制；通过改革中央和地方关系，建立中央领导、合理授权、依法规范的责任分担体系；通过调整政府与社会的关系，建立有效引导企业行为的资源环境保护制度体系和公众有序参与体系，最终形成“中央领导、部门协作、央地互动、企业主导、社会参与”的生态文明治理体系。

1.3.2 基本原则

基于现代环境科学、经济学与管理学的基本理论和发达国家资源与环境保护的经验，根据当前我国推进国家治理体系和治理能力现代化的目标和要求，改革生态文明治理体制应遵循以下原则：

1. 以保护优先为前提，实行发展与保护相互协调适应的战略

保护与发展的关系是我国生态文明建设中最为关键的一对关系，也是难点所在。党和国家提出了“五位一体”总体布局，要求尊重自然、顺应自然、保护自然，其核心是坚持经济社会发展要以生态环境保护为前提、与生态环境保护相协调，同时要充分考虑我国现阶段总体较快增长、结构转型升级和区域发展阶段差异的基本特征，在过渡期保持发展与保护间的相互适应是保障战略转型成功的重要策略。对于政府而言，需要在公共管理职能配置、财政预算安排和干部考核制度中全面考虑经济社会发展与生态环境保护的要求；对于企业而言，需要在追求利益和保护公共环境利益方面取得平衡，遵循国家法律法规并承担社会责任，大力推进绿色发展；对于公众而言，需要共同承担生态环境保护的责任和义务，培育绿色、可持续的生活消费方式。

2. 以责任共担为基础，合理匹配政府调控、市场配置和社会参与职能

传统的环境管理过多地强调了政府部门的作用和行政管制手段，存在政府职能错位、行政效率低下的现象。从现代治理理论和国际经验来看，需要依法规范国家和社会不同主体的权利、义务，通过协同共治来解决资源环境问题。当前，在我国生态环境治理中政府职能比较明确，在有效发挥政府职能的同时，下一步需要重点培育和壮大企业、社会组织、公民个人的治理能力，并通过决策执行过程的透明公开，发挥企业、社会组织、公民个人的作用，并利用界定产权、征税、补贴、特许经营等市场机制，激励、引导企业和公众投入保护行动中。

3. 从生态系统的特征和规律出发，改革和完善生态环境保护的管理制度

生态文明治理体系改革需要处理好人与自然、人与人之间的双重关系，因此要充分尊重生态系统的特征和演化规律，既要考虑生态环境的多功能性、区域性和整体性特征，也要考虑生态系统保护与恢复的规律；既要考虑自然资源和生态系统服务功能的经济属性，也要考虑其生态和公益属性。在充分认知这些规律的基础上，处理好政府和市场的关系，构建资源环境保护制度体系和现阶段管理体制机制。

4. 按照生态环境资源的不同公共属性，合理划分中央和地方事权

随着生态环境问题的凸显，我国逐步形成了具有全球性、区域性和地区性的生态环境问题，因此需要合理划分中央与地方政府承担的生态环境保护方面的事权，在不同层面实行相应的公共管理或者提供对应的公共物品和服务，并通过中央政府的制度安排施加相应的引导政策和激励措施，建立一套既能维护中央权威又能调动地方政府积极性的有效机制，合理引导和规范地方政府保护生态环境的行为。我国是一个超大规模国家，生态环境问题的地区性和跨行政区特征十分明显，在这方面可以借鉴国外经验，除保留全国性重大事项和跨行政区、流域性事项管辖权，以及环境保护与治理中需要体现中央战略意图的事权外（包括中央与地方共同事权），其他可归属地方管理，并建立引导和监督地方政府有效实施法律、规划和政策的行政监督、财政预算体制机制。

5. 充分考虑各治理主体的能力，有序推进生态文明治理体系建设

生态文明治理体系建设是一个系统工程，既需要进行管理体制改革，也需要努力培养和提高各治理主体的能力，二者相辅相成，不能只有制度而没有能力，也不能只有能力而没有制度，否则会使治理的效力和作用大大缩减。从目前政府、企业、社会三大主体的能力来看，尽管都有所欠缺，但受政治体制、价值观念的长期影响，社会领域的能力更是短板。因此，在探索生态文明治理体制改革方向的同时，更要把握改革步骤的轻重缓急，既要避免步子迈得过快，也要避免改革受旧体制和既得利益的影响使进程受阻或流于表面，因此需要更加系统、开放和协调互动的顶层设计，统筹推进改革进程。

1.3.3 重点任务

1. 以机制创新为抓手，完善生态文明建设统筹协调体制

一是完善中央统筹、各部门协同、省负总责、市县抓落实的工作机制。党中央、国务院统筹制定生态环境保护的大政方针，提出总体目标，谋划重大战略举措；同时，做好各项政策和制度的系统性设计，加强政府部门的协调力度，全面提升部门内、部门间的政策合力。短期内更要注重发挥现有生态文明领域的各类领导小组及其办公室的作用，适时成立中央生态文明建设委员会，集中领导保护、发展、安全等方面的协调工作，就跨部门、跨领域改革任务做好顶层设计和督察实施，制定我国绿色转型战略及路线图、时间表和优先序。省级党委和政府对本地区环境治理负总体责任，贯彻执行党中央、国务院各项决策部署，组织落实目标任务、政策措施，加大资金投入。市县党委和政府承担具体责任，统筹做好监管执法、市场规范、资金安排、宣传教育等工作。

二是完善生态文明建设目标评价考核体系。着眼环境质量改善，合理设定约束性和预期性目标，并将其纳入国民经济和社会发展规划、国土空间规划及相关专项规划。对相关专项考核进行精简整合，有利于减少同一环境问题不同层级、不同部门反复检查核实，避免监督检查的政治化倾向。完善生态环境保护目标指标体系设计，适当减少指标体系中的措施类指标，增加结果导向型指标；建议适当增加人民群众对生态环境满意度的权重。

三是建立完善跨行政区域和流域的行政管理部门。出于生态系统完整性、区域性和流域性空间布局监管及资源环境问题解决的需要，组建跨行政区的管理机构是国际上的通行做法。建议在重要区域和流域，逐步形成协调决策机构、行政执行机构、科学咨询机制、独立评估机构与统一信息平台相结合的治理模式。在跨行政区的重点区域，设立由中央主导的协调决策机构，成员由相关部委、不同区域主管省级领导等利益相关方组成，负责区域性资源环境保护事务的决策、协调和监督职能，制定区域环境质量改善综合规划；整合现有流域管理机构，探索实行流域综合管理以便将流域作为完整系统，统筹水质水量规划和生态环境保护，协调调度全流域生产、生活、生态用水，实现统一高效的水资源保护和生态利用。探索和研究评估区域性、流域性环境综合管理立法的可行性。

2. 进一步提升决策和执行机制的科学性

一是进一步加强统筹协调机制的领导作用。中央应加强对生态文明体制改革相关方案制定的统筹协调，确保意见征求对象选择精准，完善意见吸收保障机制。转变改革方案过于原则的定位，避免为后续的执行和方案的进一步细化留出太多的自由裁量权，特别是关于跨部门职能调整和整合的内容，应当规定可核查、可衡量的改革成果形式和时间表，从而为各部门推进整合工作施以严格的改革压力。对于部门之间确有争议的内容，应当列明各方理据，由第三方出具评估意见，报中央全面深化改革委员会决定。中央全面深化改革委员会及其办公室应在广泛听取各方面意见（或者是相对独立的第三方评估意见）后，对相关改革方案的核心内容和要点，特别是涉及多部门利益的内容给予相对明确的指示，避免方案起草机构因部门利益而回避核心问题，或者在征求意见环节就不断妥协。

二是扩大改革方案制定的参与主体。除了一些涉及国家秘密的改革方案，其他都应该进行广泛的公开讨论。对于涉企政策和改革任务，应建立健全意见征求机制，制定出台生态文明涉企政策制定的意见征求办法，规定意见征求的基本条件、征求主体、基本程序、主要渠道、被征求意见企业的代表性。结合政策涉企的密切程度，应建立分级分类的意见征求制度。科学合理地选取参与涉企政策制定的企业家代表，兼顾不同所有制、不同类型、不同行业、不同规模的企业，做到覆盖面广、代表性强。保持政策的连续性、稳定性，健全涉企政策全流程评估制度，完善涉企政策调整程序，从实际出发设置合理过渡期，给企业留出必要的适应调整时间。

三是建立公开透明的咨询论证程序。构建独立、精准的第三方评估机制，对改革方案的质量及实施预期效果进行充分把关。要转变方案起草机构作为委托方的模式，由国务院办公厅或改革协调机构直接委托第三方研究机构开展评估。国务院办公厅或改革协调机构应逐步建立完善第三方评估机构和专家库，确保改革方案由研究基础较好、非利益相关机构和专家开展评估；近期可重点依托高端智库开展第三方评估，在未来逐步扩充研究机构和专家。建立第三方评估报告署名机制，要求评估机构和专家对第三方评估报告质量负责。研究建立第三方评估的技术规范和要求。

四是探索建立灵活的纠错机制。考虑到生态文明制度建设的许多问题都需要在实践中不断探索，因此还需要探索建立灵活的纠错机制，以对方案进行动态调整。要充分意识到，生态文明体制改革和制度建设不能追求一蹴而就，应对其进行过程控制和管理，方案实施的每个阶段都要及时总结提炼和务实修正，特别是对于复杂的改革方案，应在启动阶段先出台简明的“改革纲要”，然后随着改革试点的深入和范围的扩大再编制与之相适应的深化方案。

五是健全生态文明体制改革的执行机制。谨慎评估生态文明体制改革方案实施所需要的工作经费、人力资源和技术资源。在政府内部，要明确中央、省和市、县相应的财政支出责任，以及跨部门协作机制，从而为改革实施奠定良好的工作基础。在政府之外，要通过社会动员、激励机制、村民自治等方式，推动企业与社会等利益相关方有序参与生态文明体制改革方案的实施。同时，健全典型经验做法的复制推广机制。建立更为紧密的纵向沟通和横向互动机制，促进信息和知识的流动。建议中央有关部门开展年度生态文明体制改革创新案例评选活动，采取案例发布、政府文件、媒体宣传、现场会议等多种形式推介典型的改革经验和模式，并对入选年度改革创新案例的地区给予相关改革事项适当的政策自由度，加快形成改革成果推广复制的良好局面[4]。

3. 在制度改革中进一步突出市场机制的作用

一是强化“正向激励”，创新绿色发展制度。建立健全表彰激励机制，将生态文明建设绩效与干部管理、表彰表扬、财政奖励、土地指标奖励等进行挂钩。加快探索生态产品价值实现机制，扩充自然资源产权权能，赋予各类自然资源产权的抵押、入股等权能，探索生态产品的增值化经营道路，提升消费者对生态产品的认可度和购买意愿；充分应用差异化的价格和税收机制，加快落实有利于资源节约和生态环境保护的价格政策、税收优惠政策，向排污者传递“节能有收益、环保有收益”的积极信号，让环境保护者得利；结合环境信用评价，大力发展绿色金融体系，创新绿色金融产品。

二是将“提升公众获得感”的改革任务作为优先工作。做好各项政策和制度的系统性设计。加快推进“多规合一”及相关审批制度改革，优化国土空间用途管制制度；加快推进“多评合一”，避免各类企业分头接受各类行政主管部门的反复审批审查。推进生态环境制度整合衔接，加快推进以排污许可为核心的一证式管理，有效结合环评、排污许可证、环境税、排污权交易等制度；推动水功能区划、国控断面、排污口整合工作等。进一步完善和健全信息公开制度，进一步细化生态环境信息公开的指标、频次等，为社会组织和公众参与生态文明建设提供数据和信息条件；着力培育生态环境保护公益组织，鼓励公益组织参与自然保护地保护、环境保护监督、环保公益诉讼；探索完善改革效果评价机制，将社会公众满意度纳入改革效果的评估体系当中，并提高其分量。

4. 以推进互动沟通机制建设为途径，促进社会参与

一是完善社会公众与组织参与资源环境决策的机制。政府应向公众等社会力量赋权，建立政府、企业、社会机构和公众之间的合作平台。建议建立政府与社会各界的沟通协商机制，在政策周期中的政策制定、政策执行与评估等各个环节进行充分协商，加强交流和合作；建立政府与环保社会组织的协商机制，定期沟通，形成积极互动、密切配合的合作局面。针对具有较大环境影响的决策和产业项目、环境污染事件处置等热点，发挥环保社会组织在政府与公众之间的桥梁作用[5]。

二是充分发挥大众传媒的作用。大众传媒是重要的社会力量，在生态环境保护中发挥着重要作用。媒体是环境问题的报道者，帮助传达社会民众意愿，也是政府和企业开展环境保护工作的有力监督者，还能传播环保知识，提高公众环保意识。随着我国环境问题的日益严峻，面临环境风险的“高发期”和公众环境诉求的“高涨期”，需充分发挥和借助传媒的作用。加强环保类社会组织与媒体、教育机构等的合作，推广和传播生态保育与环境治理的理念、知识与适用技术。

参考文献

[1] 格里·斯托克. 作为理论的治理：五个论点 [J] . 国际社会科学 (中文版)，1999 (1)：20-30.

[2] 国家生态环境治理体系研究课题组 . 国家生态环境治理体系研究 (综合报告) [R] . 中国国际经济交流中心基金课题，2014.

[3] 马中，昌敦虎 . 中国环境治理体系的理论框架和现代化目标研究 [R] . 国合会生态文明建设背景下的环境保护制度体系创新研究课题分报告，2014.

[4] 高世楫，王海芹，李维明 . 改革开放 40 年生态文明体制改革历程与取向观察 [J] . 改革，2018 (8)：49-63.

[5] 中国科学院可持续发展战略研究组 . 2015 中国可持续发展战略报告——重塑生态环境治理体系 [M] . 北京：科学出版社，2015.

第2章

生态文明领域管理体制改革进展

XINSHIDAI SHENGTAI WENMING CONGSHU

在深化生态文明体制改革和制度建设的过程中，管理体制和具体制度是互为表里、密不可分的——优化管理体制是载体，加强制度建设是实质内容，只有二者相互结合、相互配套，全面深化改革的目标才有可能实现，效果才有可能显现。没有管理体制改革，制度建设很难找到明确的责任主体。只有建立和形成生态文明管理体制，各项生态文明制度才能有效实施和发挥作用。因此，生态文明领域管理体制改革至关重要。

2.1 我国资源环境体制改革的历史阶段特征

1949年以后，我国的资源与环境管理体系基本上是随着我国经济体制和行政体制的发展和改革进程而不断演进的[1]，大致经历了四个历史发展阶段。

2.1.1 第一阶段（1949—1977年）：资源环境管理要素萌芽

中华人民共和国成立以后，我国计划经济体制迅速建立，很快形成了“以粮为纲”和“以钢为纲”的重化工业发展战略，以自然资源勘探开发和加工生产为主体的资源开发和生产计划管理体系，资源开发和保护的研究管理工作开始起步，污染治理工作随后萌芽，国家生态环境管理的一些体制机制因素开始出现。

在污染防治方面，20世纪50年代和60年代，我国对污染问题认识不深。1972年联合国人类环境会议后，我国逐步转变认知，同时国内的环境污染问题也不断出现和蔓延。1973年，我国召开了第一次全国环境保护会议，审议通过了《关于保护和改善环境的若干规定（试行草案）》，确定了“全面规划，合理布局，综合利用，化害为利，依靠群众，大家动手，保护环境，造福人民”的环境保护工作方针。1974年5月，我国在国务院组建了环境保护领导小组，由计划、工业、农业、交通、水利、卫生等有关部委的领导人组成，下设领导小组办公室。一些地方也建立了相应的临时管理机构和科研、监测机构，围绕一些地区和部门的环境污染治理问题启动了一些环境污染调查、监测和治理项目，在工业方面开展了“三废”综合利用，在城市方面开展了以消烟除尘为主要内容的治理行动。

在资源开发和生产管理方面，通过学习苏联的资源开发和生产管理体制，我国逐步按照农、林、水和各种矿产资源类别分别建立了相应的以自然资源勘查、开发和加工为主要内容的各种资源开发和生产管理部门，其中资源勘探与管理、开发与生产加工常常分设为不同的部门。例如，1956年在农林资源领域，分别设立了农业部、水产部、农垦部、林业部、森林工业部、水利部等；在矿产资源领域，除设立地质部外，还设有相关的煤炭工业部、石油工业部、冶金工业部、化学工业部、建材工业部等工业部委，这些工业部委在其领域均涉及一部分矿产资源勘探开发管理工作。同时，在各农林水产等管理部门开展了土地、森林、草原、河流湖泊及野生动植物资源等各种自然资源的科学调查、研究，初步开展了一些资源保护方面的工作。例如，1956年林业部制定了《关于天然森林禁伐区（自然保护区）划定草案》，在全国15个省（区）划定了40余处禁伐区，同年建立了我国第一个自然保护区——鼎湖山自然保护区。1962年，《国务院关于积极保护和合理利用野生动物资源的指示》发布，又将珍贵、稀有的动物栖息地纳入自然保护区范围。从20世纪50年代开始，水利部门在黄河流域中上游开展了较大规模的水土流失调查研究和防治工作。

在综合经济管理方面，1952年恢复国民经济的任务基本完成后，我国学习借鉴苏联组建了以国家计划委员会为核心，包括国家经济委员会、国家基本建设委员会和财政部等部门在内的统管计划、建设和资金安排的综合经济部门，在统筹安排有关资源开发项目及部分资源保护项目和环境保护项目方面发挥了一定作用，但基本没有把资源和环境保护纳入计划与财政资金的明确体制和政策机制。

总体而言，这个时期以资源开发和生产加工为中心形成的资源管理部门格局没有多大变化，1978年在国务院部门设置上依旧保留了农林部、林业总局、农垦总局、水产总局、地质总局、海洋局和水利电力部、冶金工业部、煤炭工业部、石油工业部、化学工业部和建材工业总局。在污染防治方面只有临时性政府管理机构和职能存在。除动植物保护和水土保持、“三废”综合利用等个别领域外，国家尚未形成有关生态环境保护和管理的认识和理念，个别领域的资源和环境保护仍然完全服从于资源开发和工业生产，独立的资源保护和污染防治的政府职能体系还没有形成，企业和群众组织完全依附于各级政府及其有关部门，环境与资源保护法律和政策体系基本处于空白状态。

2.1.2 第二阶段（1978年至20世纪末）：问题导向和实践引领，以“摸着石头过河”的方式推动资源环境保护

改革开放以后，党中央决定把党的工作重心转向经济建设，传统的计划体制也开始逐步向市场经济体制转型。在“发展是第一要务”的导向下，我国对生态环境问题的关注总体上滞后于对经济发展的重视。但随着生态环境问题的凸显，资源与生态环境管理体系不断发展和完善，呈现出问题回应型的特征。其间，20世纪90年代中期爆发的淮河污染、1998年的长江特大洪水、北京市沙尘暴等一系列事件驱动我国开展了“33211”环境污染治理工程和大规模的生态建设，相关的资源与环境管理体系也不断发展。

在环境保护领域，我国于1982年组建了城乡建设环境保护部，内设环境保护局并实行计划单列，环境保护部门从国务院临时机构转变为正式的政府部门；1984年，成立了国务院环境保护委员会；1988年，组建了国家环境保护局，环境保护部门成为国务院直属机构；1998年，组建了国家环境保护总局，环境保护部门的职能得到提升和强化，相对统一监督和分部门管理的环境保护管理体系基本形成。其间，从1979年《中华人民共和国环境保护法（试行）》（以下简称《环境保护法（试行）》）颁布实施开始，各单行环境保护法律陆续颁布实施，环境保护法律制度体系逐步形成，建立了环境管理八项制度，配套的技术规范和标准体系也逐步建立，监测和监督体系逐步形成。在强化环境保护部门行政执法和监督职能的同时，我国逐步扩展了综合管理与规划、政策协调的职能。在各地也普遍建立起从省级到县级的环境保护管理机构体系。

在资源管理方面，机构设置上最重要的变化是1988年国务院增设了国家土地管理局，1998年地矿部和国家土地管理局合并组建国土资源部，其他农、林、水和工业部门分立的资源管理部门格局基本没有变化。但在国土管理、农业、林业、水

利、海洋管理等部门的内部职能上，加强了资源保护和生态环境保护的公共管理职能（表2-1），消减和逐步取消了一系列生产管理职能，增加了市场管理职能。同时，随着土地、矿产等领域自然资源的有偿使用和市场化改革，我国逐步放开了农村土地承包经营、建设用地出让和转让、探矿权和采矿权出让等职权，政府有关部门开展了相应的确权登记，形成了多种形态的自然资源资产管理职能。

表2-1 资源管理部门的生态环境保护职能

政府部门	建立和强化的职能
国土管理部门	土地用途管制和耕地保护（特别是基本农田保护） 对地质勘探、采矿、选矿等开发活动的监督管理 地质环境保护和矿山生态环境修复
农业部门	农业生态环境监测和管理 生态农业建设和农业废弃物循环利用 草原生态和水体生态系统保护等
林业部门	森林、湿地生态系统 野生动植物保护和管理 沙漠化防治等
水利部门	水资源统一规划和管理 水资源保护 水土保持等
海洋管理部门	海域使用 海岛保护和海洋环境调查、监测、监督管理 海洋资源保护 海洋工程污染防治等

在综合经济管理方面，在20世纪80年代以后的历次行政改革中，国家计划和经贸部门多次分分合合，职能屡经调整，但总体上计划、经贸和财政等综合经济部门逐步形成和建立了有关生态环境保护的规划协调、政策指导和预算安排等方面的职能，如逐步把生态环境保护纳入国民经济和社会发展规划编制过程，纳入相关区

域、产业规划和区域、产业政策的编制和拟定过程，纳入财政预算编制过程，并逐步建立了综合部门对生态环境保护规划和相应经济政策的拟定和管理职能。其中，国务院在“六五”计划和“七五”计划中把环境保护列为独立篇章是综合部门介入环境保护的一个重要标志，另一个重要标志是在1998年国务院机构改革中将原有的各工业部门合并到经贸委下，原有各工业部门在环境保护和资源利用方面的一些管理职能逐步裁并到综合经济部门和环保部门。地方省、市各级综合经济部门经过历次改革，也形成了类似的规划、政策拟定和管理方面的职能。

总体而言，为了应对经济发展过程中出现的各种资源环境问题，我国现代意义的生态环境管理体系开始形成，综合经济部门在生态环境方面的规划制定、政策指导和预算分配职能基本确立，资源管理部门在有关领域的生态环境保护职能逐步成为其主要职能之一，环境保护的管理体系与制度体系逐步建立和形成，基层环境保护的监测、监督管理能力开始具备[2]。

2.1.3 第三阶段（21世纪初至2012年）：理念引领体制发展，有效推动资源环境保护工作

这一阶段，我国对生态环境管理的认知继续深化，从传统的“三废”治理、末端治理向过程管理和源头管理延伸，从“就环境谈环境”向“转变发展方式”转型，提出了新型工业化道路、循环经济、科学发展观、“两型”社会、低碳发展等一系列新型理念，期望引领发展方式变革。特别是“十一五”以来，我国实施了节能减排行动，将相关目标纳入五年规划的约束性指标，驱动了大规模的节能减排行动。

在环境保护领域，环境保护部门的综合协调和监督管理职能得到扩展。2008年，国家环境保护总局改组为环境保护部，其综合管理职能有了一定扩展。2006年，开始组建环境保护的区域管理机构，在华东、华南、西北、西南、东北、华北6个区域组建了环保督察中心，其监管范围覆盖我国31个省（区、市）。同年，分别组建东北和西北核与辐射安全监督站，扩建了北方、上海、广东、四川4个核与辐射安全监督站，承担所辖区域内的核与辐射安全监督管理工作。环境保护部对省

一级的环境保护行政主管机构实行以地方政府为主的双重领导，在一些省份已经实行了市一级的环境保护行政主管机构对县一级的环境保护行政主管机构的直接管理。

在资源管理方面，资源管理部门把资源和环境保护确立为重要职能。在机构设置上，资源管理的部门格局仍然没有什么变化，但各资源管理部门逐步强化了相应的资源保护管理工作，加强了相对独立的行政执法和监督管理。在《宪法》、《中华人民共和国物权法》（现已废止，以下简称《物权法》）和各资源法律中普遍确立了国家和集体所有及多种形式的使用权，国家资源所有权由国务院代理的规定，以及资源有偿使用制度；在土地、矿产等领域引入了比较完整的市场交易制度，如在《中华人民共和国矿产资源法》（以下简称《矿产资源法》）及其配套法规中规定了矿业权及其转让的制度；在《中华人民共和国森林法》（以下简称《森林法》）中规定了国有、集体林木所有权和使用权及其转让的制度；在《中华人民共和国海域使用管理法》（以下简称《海域使用管理法》）中规定了海域使用权管理制度和海域有偿使用制度；在《中华人民共和国水法》（以下简称《水法》）中规定了取水许可及取水权制度和有偿使用制度。

在综合经济管理方面，我国的市场经济体系逐步确立，政府职能逐步转向宏观调控和公共管理，强化政府资源与环境保护的公共管理职能已经成为普遍趋势，各综合经济部门进一步增强了有关资源节约和环境保护的职能。虽然经常出现借宏观调控和产业政策强化政府干预的一些改革倒退的情况，但综合经济部门仍然有效加强了对资源与环境保护领域的技术、产业发展的规划指导和政策协调。尤其是，2003年组建了国家发展和改革委员会（以下简称国家发展改革委）后，明显扩展了其在主体功能区规划管理、循环经济发展、节能减排和应对气候变化等方面的综合规划、政策指导及实施方面的职能。

总体而言，这个时期我国资源环境保护工作的重要性日益突出，但发展方向尚不确定，治理能力明显不足。在部门体制上，综合经济部门、资源管理部门和环境保护部门分管负责的局面没有很大的改变，生态环境统一的监督管理体系尚未形成；资源环境保护的法律、政策和规划体系逐步形成，区域、流域监督管理体系开始建立，但法律、政策和规划能否有效实施成为更加突出的问题。

2.1.4 第四阶段（2013年至今）：习近平生态文明思想指导下的顶层设计和系统取向

党的十八大报告提出要把生态文明建设放在突出位置，融入经济建设、政治建设、文化建设和社会建设的各方面和全过程。这反映了我国对生态环境保护的认知经历了从最开始的末端治理到前一阶段的环境与发展协调，再到文明发展层次或者从经济、社会、政治、文化和生态文明建设“五位一体”的角度推动发展转型的过程。其间，中央加强了对生态文明建设的顶层设计，按照开发与保护相分离、一件事情由一个部门负责的原则，推动职能整合，强化任务分工。

在生态环境保护方面，我国生态环境保护部门的独立性、权威性开始全面增强。党的十八届三中全会之后，我国实施了中央环境保护督察，有效遏制了生态环境破坏的行为和态势；逐步调整生态环境监测方面的中央和地方事权，环境质量监测事权上收取得较大进展，提高了环境质量监测数据的可靠性。2018年，环境保护部改组为生态环境部，增加了海洋生态环境保护、应对气候变化等职能，水利部门的水环境管理职能也转到了生态环境部。

在资源保护方面，2018年3月国务院机构改革之前，相关资源环境管理机构均未有大的变革，但在生态文明体制改革框架下，国家重点推进了部分职能的整合和调整，包括将分散在不同部门的不动产确权登记职能集中到国土资源部，开展了自然资源统一确权登记；以试点示范的方式推动了空间规划整合等工作。2018年，国土资源部改组为自然资源部，整合了国家海洋局、国家测绘地理信息局的相关职能，国家发展改革委、住房和城乡建设部（以下简称住建部）的空间规划职能，以及自然资源调查、统计等职能；国家林业局改组为国家林业和草原局（以下简称国家林草局），整合了分散在相关部门的自然保护地管理职能，并成为自然资源部管理的部管局。

在综合经济管理方面，国家发展改革委明显加强了自身在生态文明建设方面的职能，承担或牵头大量生态文明体制改革任务的设计和实施，组织开展了生态文明先行示范区和国家生态文明试验区建设，推进了国家公园体制试点建立，组织实施了国家生态文明建设目标考核和绿色发展评价。2018年国务院机构改革后，综合经济部门的应对气候变化职能和主体功能区划归到其他部门。

2.2 当前我国生态文明领域管理体制的基本情况

我国的生态环境行政管理体制是在传统的自然资源国有和集体所有制的框架下，以及计划经济体制和资源开发计划管理体系下逐步建立的，并伴随市场化改革和环境问题的不断出现逐步形成的统分结合体制。这一体制安排在实现主要污染物浓度和总量控制、资源专业化管理和保护等方面产生了良好的效果，但随着我国进入社会主义新时代，实现生态环境质量的根本改善、保护生态系统的完整性和原真性成为战略目标，传统体制越来越难以适应这一需要[3]。

2018年3月，全国人大通过了新一轮国务院机构改革方案，提出分别组建自然资源部、生态环境部、国家林草局等部门。这次机构改革有助于解决众多根深蒂固的体制弊端，是我国推进国家生态环境治理体系和治理能力现代化的重大举措，它按照“山水林田湖草”统筹治理的理念，针对体制弊端重组了资源和生态环境保护机构，调整了相关职能，不仅进一步理顺了生态文明领域的职能、机构设置和部门关系，也让党的十八届三中全会以来的生态文明制度建设成果在管理体制上有所反映。

2.2.1 生态文明建设的管理职能重组

按照大部制的原则，我国新组建了自然资源部、生态环境部、农业农村部、国家林草局（国家公园管理局），优化了国家发展改革委、水利部的职责，基本实现了污染防治、生态保护、统一监管等方面的大部制安排，为解决制度碎片化问题奠定了体制基础。

在污染防治方面，新组建的生态环境部在原环境保护部职责的基础上，整合了应对气候变化和减排职责、监督防止地下水污染职责、编制水功能区划职责、排污口设置管理职责、流域水环境保护职责、监督指导农业面源污染治理职责、海洋环境保护职责、南水北调工程项目区环境保护职责等。同时，各专业主管部门负责各自领域的污染防治工作，如农业农村部负责农业面源污染防治，住建部负责污水处理设施建设等任务。

在资源和生态保护方面，新组建的自然资源部在原国土资源部职责的基础上，整合主体功能区规划职责、城乡规划管理职责、水资源调查和确权登记管理职责、草原资源调查和确权登记管理职责、森林和湿地等资源调查和确权登记管理职责、国家海洋局的职责、国家测绘地理信息局的职责，负责行使全民所有自然资源资产所有者职责、空间规划和自然资源监管职责。新组建的国家林草局在原国家林业局职责的基础上，整合原农业部的草原监督管理职责和相关部门的自然保护区、风景名胜区、自然遗产、地质公园等管理职责。新组建的农业农村部新增了农田整治项目、农田水利建设项目等管理职责。水利部的职责得到优化，国务院三峡工程建设委员会及其办公室、国务院南水北调工程建设委员会及其办公室并入其中。

在环境与发展综合协调方面，国家发展改革委的职责得到优化，如负责拟定和组织实施绿色发展相关战略、规划和政策，推进实施可持续发展战略，承担生态文明建设和改革相关工作；拟定并协调实施能源资源节约和综合利用、循环经济政策，提出能源消费控制目标并组织实施，组织协调重大节能示范工程；协调节能环保、清洁生产等绿色产业促进工作；承担国家应对气候变化及节能减排工作领导小组有关节能方面的具体工作；负责提出农村经济和生态保护与建设发展战略、体制改革及有关政策建议，协调有关重大问题；衔接平衡农业、林业、草原、水利、气象、生态及有关农村基础设施等发展规划、计划和政策，提出重大项目布局建议并协调实施；按分工提出大中型水利水电工程移民政策建议。

2.2.2 中央和地方的监督管理体系

1. 设立区域/流域监督管理机构

中央生态文明建设相关专门性管理部门普遍建立了区域督察机构，强化了对地方履行生态文明建设相关职责的监督管理。

自然资源部设立了9个督察局，负责督察地方政府落实党中央、国务院关于自然资源重大方针政策、决策部署及法律法规执行情况等；督察地方政府落实最严格的耕地保护制度和最严格的节约用地制度等土地开发利用与管理情况；督察地方政府落实自然资源开发利用中的生态保护修复、矿产资源保护及开发利用监管等职责情况；督察地方政府实施国土空间规划情况，重点是落实生态保护红线、永久基本农田、城镇开发边界等重要控制线情况；对涉及自然资源开发利用、生态保护重大问题开展督察；按照有关规定对地方政府负责人开展约谈，移交移送问题线索；督察地方政府组织实施整改情况，按照有关规定提出责令限期整改建议。此外，还设立了3个海洋局，负责督察海洋生态文明建设相关情况。

生态环境部设立了6个区域督察局，负责监督地方对国家生态环境法规、政策、规划、标准的执行情况；承担中央生态环境保护督察相关工作；协调指导省级生态环境部门开展市、县生态环境保护综合督察；参与重大活动、重点时期空气质量保障督察；参与重特大突发生态环境事件应急响应与调查处理督察；承办跨省区域重大生态环境纠纷协调处置；承担重大环境污染与生态破坏案件查办。

生态环境部在长江、黄河等七大流域设立了流域生态环境监督管理局，作为生态环境部正局级派出机构，实行生态环境部和水利部双重领导、以生态环境部为主的管理体制。其职责包括依据法律、行政法规规定和生态环境部授权或委托，负责水资源、水生态、水环境方面的生态环境监管工作，主要承担组织编制流域生态环境规划、水功能区规划，参与编制生态保护补偿方案并监督实施；提出流域水功能区纳污能力和限制排污总量方案建议；建立有跨省影响的重大规划、标准、环评文件审批、排污许可证核发会商机制，并组织监督管理；参与流域涉水规划环评文件和重大建设项目环评文件审查，承担规划环评、重大建设项目环评事中和事后监管；指导流域内入河排污口设置，承办授权范围内入河排污口设置的审批和监督管理；指导协调流域饮用水水源地生态环境保护、水生态保护、地下水污染防治有关工作；等等。

2. 在部分领域实施中央垂直管理

中央生态环境保护督察和生态环境质量监测垂直管理都打破了按照行政层级层

层实施的格局，限制了地方政府的干预。

中央实施中央生态环境保护督察，督察办公室设在生态环境部，负责监督生态环境保护党政同责、一岗双责的落实情况，根据授权对各地区、各有关部门进行督察问责。重点关注地方学习贯彻落实习近平生态文明思想及贯彻落实新发展理念、推动高质量发展情况；贯彻落实党中央、国务院生态文明建设和生态环境保护决策部署情况；国家生态环境保护法律法规、政策制度、标准规范、规划计划的贯彻落实情况；生态环境保护党政同责、一岗双责推进落实情况和长效机制建设情况；突出生态环境问题及处理情况；生态环境质量呈现恶化趋势的区域、流域及整治情况；对人民群众反映的生态环境问题立行立改情况；生态环境问题立案、查处、移交、审判、执行等环节非法干预及不予配合等情况，等等。

生态环境部还实施了生态环境质量监测中央垂直管理，这有利于保证数据的真实性和可靠性，有利于污染治理的绩效导向。2015 年8 月，国务院办公厅印发《生态环境监测网络建设方案》（国办发〔2015〕56号），提出“环境保护部适度上收生态环境质量监测事权，准确掌握、客观评价全国生态环境质量总体状况”。按照“谁考核、谁监测”的原则，国家生态环境质量评价与考核监测、支撑国家本级生态环境执法与应急等监测工作均为国家事权。生态环境部实施了省以下环保机构监测监察执法垂直管理制度改革。推动地市级环保局领导班子成员任免由以地市为主调整为以省级环保部门为主，县级环保局成为市级环保局的派出机构，以解决环保干部“站得住顶不住，顶得住站不住”的老大难问题。同时，把现有市级生态环境监测机构调整为省级环保厅（局）驻市生态环境监测机构，提高了监测数据的质量；“下沉”执法力量，由市级环保局统一管理、统一指挥县级生态环境保护执法力量，使行动更加有效。

自然资源部推动实施全民所有自然资源资产分级行使所有权改革。事关国家经济安全、国防安全和生态安全的自然资源资产所有权由中央政府直接行使，主要包括战略性矿产、国有重点林区、生态功能重要的湿地草地、大江大河大湖和跨境河流、珍稀野生动植物物种及跨行政区的国家公园。

2.3 生态文明领域管理体制改革仍需解决的问题

总体而言，当前改革加强了生态文明建设的中央集权，强化了“大部制”改革，取得了显著效果。目前来看，生态文明领域的管理体制改革仍面临一些挑战，需要在执行中深化和探索[4]。

2.3.1 跨部门的生态环境协调问题

一是环境与发展综合协调机制。中央明确了生态文明建设应坚持节约优先、保护优先、自然恢复为主的方针，但在实践中由于积重难返，同时缺乏清晰的转型路径，短期内难以真正落地。在地方实践中，从增长优先向保护优先过渡要么易被忽视，要么用力过猛，超出了对过去形成问题的正确认识和判断，与当前阶段的能力、任务和转型的要求不合拍，力度和节奏把握不好。

二是生态保护职责的配置问题。生态系统是一个整体，自然资源与环境保护都在这个系统之内。我国资源环境问题的长期解决方案是将环境、资源和生态保护整合到一个部门，但该方案调整范围过大，综合管理和专业化管理的矛盾比较突出，因此近期选择了污染防治职能适当集中和自然资源管理职能适当集中的方案。但部门之间仍存在潜在冲突，如何处理好部门之间的关系将是一个长期课题。一方面，生态环境部门被定位为监管者，承担监管自然保护地、野生动植物保护、湿地生态环境保护、荒漠化防治等工作。但在相关资源监测、调查和统计职责都集中在自然资源部门的情况下，长期聚焦于污染防治工作的生态环境部门可能缺乏足够的专业技术、数据和信息支撑来履行监督职责。另一方面，从生态系统和环境系统的整体性来看，无论是污染防治还是生态保护都需要系统整治和管理，这样才能标本兼治，即在生态系统和区域、流域层面进行系统综合防治，以保护生态系统的整体性、原真性。自然资源与生态环境部门的关系要超出“所有者”与“监管者”的范畴，在宏观决策方面加强沟通，才能增强决策的科学性与合理性，共同促进生态环境质量的根本改善。

三是自然保护地的保护和监管。《深化党和国家机构改革方案》提出，整合自然保护区、风景名胜区、自然遗产、地质公园等管理职责，由新组建的国家林草局负责。生态环境部门负责组织制定各类自然保护地生态环境监管制度并监督执法。实际上，其中有较大程度的重叠。鉴于自然保护地以公益性自然资源为主，林草部门对自然保护地的管理将突出其生态环境属性，并突出生态系统的保护与服务功能的完善。因此，一方面，林草部门需要肩负起系统保护的责任和任务；另一方面，生态环境部门围绕自然保护地生态环境监管制度的制定和监督执法也需要与林草部门协调好责任分工，共同做好保护工作。以自然保护地为例，鉴于自然保护地以公益性自然资源为主，林草部门对自然保护地的管理将突出其生态环境属性，因此生态环境部门围绕自然保护地生态环境监管制度的制定和监督执法与林草部门存在一定程度上的交叉重叠；同样，在生态红线监管与自然生态空间用途管制方面也存在较大的重叠。

四是与水利、渔政、航运等部门及上下游、左右岸在流域综合管理方面的跨部门、跨行政区职能统筹。在水利部的编制水功能区划、排污口设置管理、流域水环境保护等职责整合到生态环境部之后，水环境管理体制已得到理顺，流域水环境管理将实行以生态环境部为主的双重管理。一方面，流域管理的最终目的是要走向流域综合管理体制，需要权衡水资源利用、水环境保护、经济发展等多种目标，实现科学调度，协调生态用水、生活用水和生产用水，因此还要进一步建立健全流域治理结构，将渔政、航运等部门及上下游等各利益相关方纳入其中，进一步解决“九龙治水”的问题；另一方面，需要进一步整合流域管理体制与河长制的关系，进一步拓展仅限于行政区划内的河长制安排，从流域综合管理的角度统筹流域开发、保护与可持续发展。

五是减污降碳、协同增效与碳达峰、碳中和的相关协调问题。气候变化管理职能调整到生态环境部是一次重大的体制安排，其核心目标是实现大气常规污染物减排及温室气体排放控制的协同效益。但二者的区别也较为明显，大气常规污染物减排更多地依靠生产全过程并以末端治理为主，温室气体排放控制以能源与产业结构调整、生产与消费方式转型为主。在经济发展方式转型的职能主要集中在综合经济部门和行业主管部门的情况下，这实际上对生态环境部门的综合协调能力提出了较高的要求，因此必须更加注重发挥应对气候变化领导小组的顶层设计作用。

2.3.2 部门内部相关职能整合问题

2018年启动的党和国家机构改革在很大程度上缓解了生态保护与污染防治职能的碎片化问题，但是改革永远都是进行时。2019年7月，习近平总书记在深化党和国家机构改革总结会议上指出，深化党和国家机构改革，完成组织架构重建、实现机构职能调整，只是解决了“面”上的问题……要以推进党和国家机构职能优化协同高效为着力点，把机构职责调整优化同健全完善制度机制有机统一起来……继续巩固机构改革成果。从当前来看，一些职能整合已经从“部门间整合”进入“部门内整合”的阶段。

自然资源部门内部应当尽快推动自然资源产权制度整合和国土空间规划体系改革。在法理和制度上，自然资源部应当厘清各类产权的关系。探矿权、采矿权与土地使用权、海域使用权衔接机制都有待完善，水域滩涂养殖权与海域使用权、土地承包经营权，取水权与地下水、地热水、矿泉水采矿权的关系仍需进一步理顺。统一的国土空间用途管制制度尚未建立，各项行政审批职能分散在各个部门。由于法律等方面的限制，相关部门的管制规则和审批流程不统一，短期内难以将属于各部门的审批流程整合到同一平台。

生态环境部门内部存在制度整合和政策协调不足的问题。尽管海洋、流域水污染防治职能向生态环境部门集中，但陆海统筹机制和流域综合管理制度有待进一步建立健全；以排污许可为核心的一证式管理体系有待完善，排污许可和总量控制制度、环境统计制度尚未有效衔接。

2.3.3 事权上收与地方对生态文明建设负总责的关系

当前，我国在各项法律法规和改革文件里均已基本确立了地方党委、政府对生态文明建设和生态环境质量负总责的规定。2014年修订的《中华人民共和国环境保护法》（以下简称《环境保护法》）规定地方各级人民政府应当对本行政区域的环境质量负责；2015年，中共中央办公厅、国务院办公厅印发的《党政领导干部生态环境损害责任追究办法（试行）》提出，地方各级党委和政府对本地区的生态环境和资源保护负总责，正式规定了生态环境保护“党政同责”；2016年，中共中央办公厅、国务院办公厅印发的《关于省以下环保机构监测监察执法垂直管理制度改革试点工作的指导意见》明确了地方党委、政府对本地区的生态环境负总责。

与此同时，我国还推进了一系列生态文明领域事权上收的改革，包括省以下环保机构监测监察执法垂直管理制度改革（以下简称垂改）、全民所有自然资源资产分级行使所有权改革。这些改革对于地方对生态文明建设负总责这一原则的落实可能会有一些影响。一是垂改的实施不可避免地削弱了县级政府治理环境的能力。改革后，县级生态环境部门成为市（地）级生态环境部门的派出机构。作为当地承担环境监管执法、部分排污许可发放业务的部门，其工作成效对生态环境质量有着决定性作用。但根据《环境保护法》的规定，对生态环境质量负责的却是县级政府，这无论在法律上还是在情理上都难以说通。在当地生态环境质量未达标的情况下，如何处理好二者间的关系将是一个艰难的挑战。二是全民所有自然资源资产分级行使所有权改革削弱了地方政府对自然资源开发和使用的管控能力。在部分国家公园、国有林场等事权上收，由中央统一行使所有权的情况下，地方政府很难直接承担全部的资源管理和生态保护职责。此外，分级行使所有权的委托代理体制仍需建立健全，包括自然资源资产核算、监管和评估考核体系。

2.4 生态文明领域行政体制改革的经验与教训

中央层面对生态文明体制改革作出总体部署后，国家有关部委和地方政府积极推进落实，积累了不少经验，但也有一些教训。以下选择几项比较有代表性和涉及面较广的改革任务进行评述。

2.4.1 自然资源资产统一确权登记：跨部门的职能整合调整

自然资源资产统一确权登记以不动产统一确权登记为基础，而后者最初分散在国土、林业、住建、海洋等部门。不动产统一登记在已废止的《物权法》中早有原则规定，但在部门职能和人员编制调整以前，有关规定很难实施。近年来，在国务院的强力推动下，制定条例和实施办法已同各级政府有关部门的职能和编制调整结合起来，不动产的统一登记才开始逐步实施到位（图2-1）。

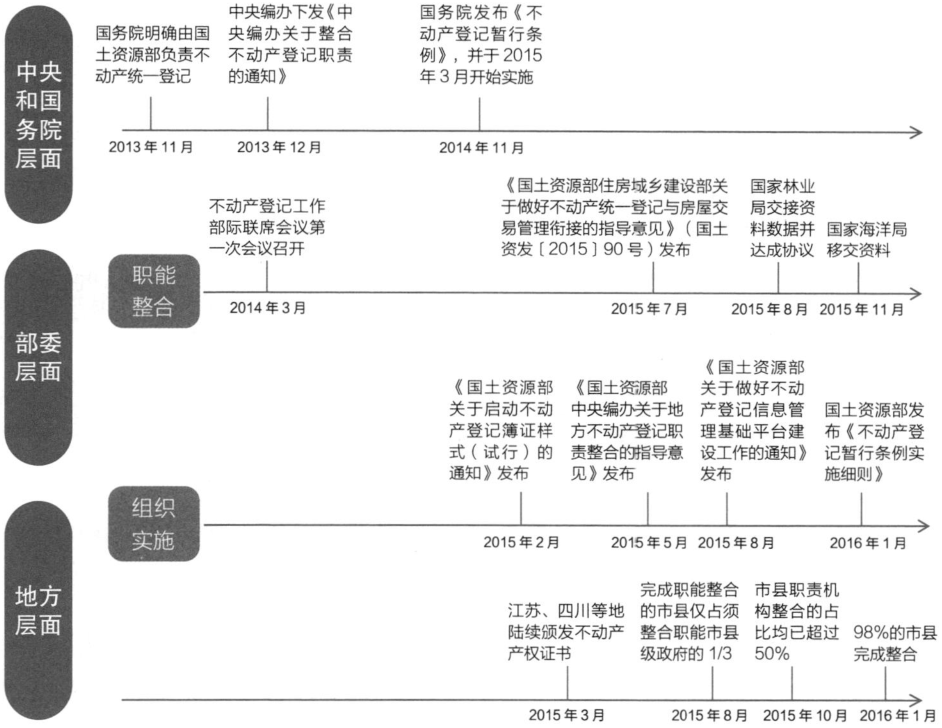

图2-1　不动产统一登记体系改革进展

2013年11月20日，国务院第31次常务会议明确由国土资源部负责指导监督全国土地、房屋、草原、林地、海域等不动产统一登记，基本做到登记机构、登记簿册、登记依据和信息平台“四统一”。同年12月20日，中央机构编制委员会办公室（以下简称中央编办）下发了《中央编办关于整合不动产登记职责的通知》（中央编办发〔2013〕134号），明确了职责整合的路径和方向。

在中央决策后，国务院各部委开始调整有关不动产登记职责。从2015年下半年开始，住建、林业、海洋等部门将有关不动产登记、资料管理的职能移交至国土资源部。到2017年，与土地、房屋、海域、林地、草场等有关的不动产登记职权及其相关数据库已全面移交整合至国土资源部。国土资源部为了履行职责，还建立了不动产登记司和不动产登记中心。

在地方层面，各地在原国土资源部的统一监督指导下，结合本地实际，逐步将不动产登记职责统一到国土资源部门。从2015年3月开始，江苏、山东、四川、江西等省陆续颁发了不动产产权证书，我国不动产登记制度改革迈出了实质性的一步，但总体来看进展仍然相对缓慢。2015年5月，《国土资源部　中央编办关于地方不动产登记职责整合的指导意见》（国土资发〔2013〕50号）发布。截至当年8月底，完成不动产统一登记职能整合的市县为105个，约占需要整合职能市县级政府的1/3。对此，国土资源部先是设立督导组，通过其对市县一级不动产登记职能整合的有关工作进行督导、帮助，以期提高效率。随后，面对仍然进展迟缓的局面，国土资源部开始对不动产统一登记职能的整合工作进行专项督察。在督察工作开始之后，地方工作明显加快。截至2016年1月，全国市、县两级职责机构整合已接近完成。

不动产统一登记职能的整合为建立统一的自然资源资产确权登记奠定了基础。2016年，中央全面深化改革领导小组第29次会议审议通过了《自然资源统一确权登记办法（试行）》，该办法决定通过在包括国家公园试点区在内的10多个地方开展试点，为下一步全面推进自然资源统一确权登记提供基础。试点地方探索了确权登记的可行性、技术标准和章程，形成了确权登记暂行办法和确权登记工作方案。为提高可操作性，一些地方如江西省还制定出台了《江西省自然资源调查技术指引（试行）》《江西省自然资源统一确权登记归类细则（试行）》等文件。根据工作安排，全国将在2023年基本完成自然资源确权登记工作。

但自然资源统一确权登记依旧存在很大的不确定性。一是自然资源资产分级行使所有权体制改革滞后，中央未制定自然资源清单，致使省、市、县自然资源清单尚不明确，省、市、县开展自然资源统一确权登记的范围也就无法界定。二是自然保护地整合优化及内部功能区调整与统一确权登记工作的衔接不足，自然保护地整合优化及内部功能区调整会影响自然资源登记单元划分，自然保护地整合优化这项工作的完成期限为2025年年底，而自然资源统一确权登记工作要在2023年实现全省全覆盖，两项工作推进的时间节点不同步。三是当前各个部门的工作底图及时相、数据标准、上图精度差异难以满足要求；一些自然保护地设立和审批时没有进行规划，只是对相对位置和面积进行了规定。我国在统一确权登记方面基本在管理体系上做到了“统一登记”，即由自然资源部门负责确权工作，但在确权方面，考虑到资源调查的专业性问题，相关工作依旧分散在各个部门，相关部门采取的数据标准等仍需统一。

2.4.2　环境质量监测事权上收：部门内中央地方事权调整

《生态环境监测网络建设方案》要求适度上收生态环境质量监测事权。该方案出台后，环境保护部按照“国家建设、国家监测、国家考核”的要求，于2015年印发了《国家生态环境质量监测事权上收实施方案》（环发〔2015〕176号），就国家上收生态环境质量监测事权的范围、运行机制、资金保障机制、信息共享机制等内容作出了明确规定（表2-2）。

表2-2　国家环境质量监测事权范围和运行机制

<table>
<tr><th>领域</th><th>上收范围</th><th>完成时间</th><th>运行机制</th></tr>
<tr><td rowspan="3">环境空气质量</td><td>国控城市站（1 436个）</td><td>2016年</td><td rowspan="7">1. 中央本级不直接监测
2. 委托社会环境检测机构或地方环境监测机构监测</td></tr>
<tr><td>大气区域站（96个）</td><td>2018年</td></tr>
<tr><td>大气背景站（16个）</td><td>2016年</td></tr>
<tr><td rowspan="3">水环境质量</td><td>地表水国控断面（2 700个）</td><td>2016年</td></tr>
<tr><td>地表水自动监测站（300个）</td><td>2018年</td></tr>
<tr><td>近岸海域水质点位（416个）</td><td>2016年</td></tr>
<tr><td>土壤环境质量</td><td>国控监测点位（35 000个）</td><td>2018年</td></tr>
<tr><td>生态监测</td><td>生态状况综合监测与评价、地面生态定位监测、国家重点生态功能区县域生态环境质量监测评价与考核监测</td><td>—</td><td>中央本级直接监测</td></tr>
</table>

资料来源：《国家生态环境质量监测事权上收实施方案》（环发〔2015〕176号）

为了配合监测事权上收，财政部与原环境保护部根据相关咨询建议开始会商环境质量监测事权上收后的中央财政保障问题。2015年12月，财政部、环境保护部印发《关于支持环境监测体制改革的实施意见》（财建〔2015〕985号），拟拨付30亿元财政资金用于支持环境质量监测事权上收。这为推进环境质量监测事权上收工作奠定了重要基础。

国家上收环境质量监测事权后，大部分监测任务由中国环境监测总站委托社会环境检测机构或地方环境监测机构承担。其中，国家环境空气质量监测事权上收后，主要由社会环境检测机构承担，中国环境监测总站采取公开招标方式，通过公平竞争择优选取了6家社会环境检测机构对国家环境空气质量监测网进行维护并开展监测。国家水环境监测事权由社会环境检测机构和地方政府环境监测机构共同承担。当前能够提供优质的水环境监测服务的地方社会环境检测机构并不多，因此国家环境质量监测事权仍由中央委托地方环境监测机构开展。

从中央到地方的数据直接上报及共享机制开始运行。随着国家环境空气质量监测事权的上收，监测数据在第一时间从全国各地直接传输到中国环境监测总站，再通过全国环境空气质量信息平台及时公开，实现了国控监测点位监测数据的实时共享。从我国环境监测数据向社会随时公开的做法中能够看出，这次环境监测体制改革目标兼顾了测管联动和监测为民，更加注重为公众提供及时、准确、完整的监测信息。

2.4.3 统一监测规范标准和信息平台：部门间的协调机制

相比于从中央到地方不同层级环境监测职责的调整，生态环境行政主管部门与其他部门在生态环境监测网络建设有效协作方面的进展则相对缓慢，远未做到统一规划、统一布点、统一标准、统一监测，以及数据的互联互通。

监测网络规划仍各自进行。虽然《环境保护法》提出国务院环境保护主管部门会同有关部门组织监测网络，统一规划国家环境质量监测站（点）的设置，相关文件也提出了统一监测网络规划，但各部门仍惯性地开展各自规划。例如，原国土资源部提出建立国土资源“一张图”“国土资源云”，原环境保护部提出建立一朵

“环保云”，原国家林业局提出建立林业大数据采集体系、应用体系、开放共享体系和技术体系，这些监测和信息共享体系主要以各部门为单元开展。再如，《生态环境监测网络建设方案》在中央层面由生态环境部牵头推进，但其缺乏协调其他部门的体制机制，使方案的执行主要在环保系统内“从中央至地方”推进，而跨部门推进的进展甚微。

监测网络建设依然各自为政。以水环境监测网络为例，生态环境部门一方面上收国家生态环境质量监测事权，另一方面将原有的地表水手工监测断面、地表水自动监测站进一步扩充。与此同时，水利部门还在加强水资源监控能力建设，并加密布局了水环境监测点位。类似的现象发生在很多部门之间。值得一提的是，在生态环境和气象、生态环境和交通部门之间的统一网络布点取得了初步进展。气象部门不再单设环境空气质量监测点位、交通部门布设交通污染监测也注意与生态环境部门已有的网络相协调。

监测技术规范仍难以统一。由于环境监测的专业性及环境监测服务于部门特定管理需求的特征，不同部门对同一生态环境要素的监测网络在覆盖范围、布网密度、监测方法、监测指标、管理规范等方面往往不同，从而导致监测结果缺乏可比性。单纯统一监测技术规范面临较大的困难，解决数据可比性的问题远不止于统一监测技术规范。由于各部门的环境监测数据缺乏可比性，即使部门间共享数据，在很多情况下也无法有效利用彼此的数据。例如，原国土资源部和水利部在地下水监测的目的、网络布局、监测技术规范上都不同，数据共享后也无法科学有效地开展整合利用。

数据互联互通难以建立长效机制。目前，部门间的信息共享更多停留在签订合作协议或备忘录等形式上，如生态环境部门分别与气象、水利、海洋部门签订了数据共享协议。这种共享方式在很大程度上要依靠双方人为地去协调促进，没有强制性，对于合作双方能否守信、认真履约，还缺乏问责保障机制，因此开展数据共享的效率较低。

2.4.4 有关结论及判断

一是涉及跨部门的制度改革一般面临较大的挑战，相关改革进展较为缓慢。不动产统一登记等改革任务，由于中央高层作出了明确的指示，形成了压力和明确的责任制，取得了较好的进展；但自然资源统一确权登记、实现统一监测规范标准和信息平台却面临较多的跨部门协调问题，改革难度较大，实施过程面临来自顶层设计与部门和地方理解落实协调上的偏差、法律和现行管理体制制约、公共物品管理理论与实践探索、制度改革优先次序和路径选择、操作运行成本高、激励政策不足等方面的巨大挑战，要取得实质性进展还需进一步努力。

二是在中央和地方的关系方面，主要亮点体现在环境质量监测事权上收。这项改革任务在财政部门的支持下取得了较快进展，推动了环境监测数据质量的不断提高。同时，中央生态环境保护督察制度的实施强化了生态环境部门的权威性和独立性，但引发了一些部门间政策解释、督察的重点方向及最终效果等方面的争议。

2.5 深入推进新时代生态文明领域管理体制改革的建议

时代变革背景下推动政府机构改革是必然选择。各国政府一直都在推动自身变革，努力适应社会经济变化并回应公众诉求。我国生态环境管理体制改革不会一蹴而就，也不可能一劳永逸。在完成政府生态环境管理机构的合并、分拆、重组后，下一步要围绕转变职能、提高效能、强化机制创新和能力建设，全面建成适应建设美丽中国要求的生态环境管理体系新格局。

2.5.1 利用机构改革契机，进一步理顺政府部门间的职责关系

在生态环境领域，要抓紧研究生态环境保护监管的内涵、途径和方式，进一步强化统一监管，为生态环境部履行生态保护监管职责、明确分工奠定基础。考虑到以国家公园为主体的自然保护地的特殊情况，建议对国家公园的生态监管做如下分工：自然保护地的日常监管以林草系统为主，同时与生态环境部门信息共享；生态

环境部门的监管则以督察和5年一次评估为主。

在应对气候变化方面，建议强化国家应对气候变化领导小组的顶层设计，完善统筹协调机制，按照绿色低碳发展的长期目标和规划要求，明确各部门的分工与合作，发挥好协同效应；科学、合理、有序地建立防治常规污染与应对气候变化的协同机制，重视转隶后地方应对气候变化工作的职责巩固与能力提高。

在解决流域性、区域性资源环境问题方面，要构建符合现阶段特点和治理要求的体制机制，尊重自然规律、科学规律和各利益相关方的诉求，在保护优先的前提下处理好区域、流域内的资源配置、合理利用与冲突解决。以出台《中华人民共和国长江保护法》（以下简称《长江保护法》）为契机，构建流域保护与可持续发展的法律法规体系。考虑到中央已明确部署的河长制、按流域设置环境监管和行政执法机构等相关改革任务，为加强流域统筹，建议由生态环境部门会同有关部门负责构建包括河长制在内的现代流域综合管理体系，实现流域、区域治理体系与治理能力现代化的组织实施工作。

2.5.2 加快推进部门内部相关职能的整合转变

机构改革与职能转变是管理体制改革的一体两面，前者是载体，后者是主要目的。应进一步推动制度整合和职能转变，以不断改善生态环境质量为目标，整合排污许可证、环境影响评价、总量控制、污染排放标准、环境税等制度，进一步明确相互关系，突出排污许可证的核心制度定位；加快构建以国家公园为主体的自然保护地体系，以维护生态系统的完整性和原真性为目标，推进国家公园体制改革，明确保护对象并处理好与原住民及土地权属的关系，除了关注国家公园的设立、审批等工作，还要全方位考虑生态系统的整体性保护与各类生态产品服务功能的提高。

2.5.3 全面加强自然资源与生态环境部门的能力建设

针对存在的能力不足问题，应在生态文明建设重要程度日益提高的背景下，全面加强自然资源和生态环境部门的能力建设，特别是加强对地方政府部门的指导并促进其能力提高，以完成日益繁重的管理任务。作为生态环境执法的主体，各级自然资源与生态环境部门必须自律，加强对执法人员的教育管理。增强各类环保社会组织参与自然资源与生态环境管理的能力。

参考文献

[1] 王毅，苏利阳，秦海波，等 . 中国生态环境保护管理体制改革研究：生态文明建设背景下的环境保护制度体系创新研究分报告 [R] . 中国环境与发展国际合作委员会委托课题，2014.

[2] 王毅 . 环境、发展与治理结构：中国如何应对新世纪的环境挑战 [R] . 在第三届中国环境与发展合作委员会第一次会议上所作的关注问题报告，2002.

[3] 本书编写组 .《中共中央关于全面深化改革若干重大问题的决定》辅导读本 [M] . 北京：人民出版社，2013.

[4] 解振华 . 深入推进新时代生态环境管理体制改革 [R] . 在 2018 年生态环境治理体系与治理能力研讨会上的致辞，2018.

第3章

自然资源管理制度的创新与改革

XINSHIDAI
SHENGTAI WENMING
CONGSHU

3.1 自然资源在生态文明建设中的地位

3.1.1 自然资源是生态文明建设的物质基础和空间载体

自然资源是生存之基、发展之本、生态之要，为人类发展提供了生存空间、生产空间、发展空间、食物来源和宜居环境。它不仅是生态系统的重要组成部分，还是生态文明建设的物质基础、自然主体、空间载体和关键要素。土地、矿产等自然资源是万物生存、生活、繁育的基础和空间场所，包括人类在内的一切生物都依附于自然资源。作为自然要素，自然资源为人类的发展提供了最基本的食物来源、能量来源和物质基础。自然资源是发展之本、财富之源。作为经济要素，自然资源的开发利用促进了经济的发展和社会财富的增长，为保护生态、改善环境、促进生态文明建设奠定了物质基础。自然资源是生态之要。自然资源是重要的生态要素，承担着生态系统服务功能。当前，自然资源保护与节约利用不断加强，为生态文明建设提供了重要支撑；自然资源确权登记的范围不断扩大和不动产登记职责的整合为健全自然资源产权制度和资产管理体制奠定了基础；土地等自然资源利用规划和用途管制在实践中趋于成熟，为建立国土空间规划体系和覆盖全部国土空间的用途管制制度奠定了基础；自然资源法律法规、执法监管和行政督察体系不断健全，为建立统一的自然资源监管体制奠定了基础；主要门类的自然资源集中统一管理体制改革取得重要成效，为建立更多门类的自然资源管理大部门体制积累了经验，奠定了基础；土地、矿产、水、森林等自然资源调查监测的相继开展，为自然资源综合管理、有效保护与合理利用奠定了基础。

3.1.2 自然资源的合理开发利用与保护是生态文明建设的主要任务之一

自然资源是生态系统的主体构成要素、重要空间载体和生态保护的主要对象，承载着人类的过去、现在和将来，支撑着各行各业，影响着千秋万代。自然资源具有生态、经济和社会多种属性，具有多种价值和功能，既能满足人类生产、生活、娱乐、审美等需要，为人类提供生态服务，又是生态文明建设的物质基础、能量来源和空间载体，支撑着人类社会的生存和发展。多年来，受经济社会发展所处特定阶段和特殊国情的影响，我国自然资源的开发利用虽然促进了经济社会的发展，但开发秩序混乱、利用方式粗放、生态破坏和环境污染严重，资源领域的利益冲突此起彼伏，形势十分严峻，对可持续发展和生态文明建设构成严重威胁。因此，加强生态文明建设要紧抓自然资源的合理开发、利用和保护。

3.1.3 自然资源管理制度是生态文明制度体系的重要组成部分

建设生态文明是中华民族永续发展的千年大计。党的十八大将生态文明建设纳入中国特色社会主义事业“五位一体”总体布局，要求“把生态文明建设放在突出地位，融入经济建设、政治建设、文化建设、社会建设各方面和全过程”。党的十八届三中全会通过的《中共中央关于全面深化改革若干重大问题的决定》中明确指出，建设生态文明，必须建立系统完整的生态文明制度体系，健全自然资源资产产权制度和用途管制制度，划定生态保护红线，实现资源有偿使用制度和生态补偿制度，改革生态环境保护管理体制。自然资源的产权、月途管制、有偿使用、生态补偿、监测预警、责任追究等制度贯穿于生态文明建设的“源头、过程、后果”的全过程，特别是产权制度、用途管制制度在源头严防中具有核心作用，是生态文明制度体系的支柱。总的来看，健全自然资源产权制度是推进生态文明建设的重要基础，全面实现自然资源的用途管制是推进生态文明建设的关键，健全自然资源管理制度和体制是推进生态文明建设的重要保障。党的十九大树立起生态文明建设的里程碑，明确提出要加快生态文明体制改革，建设美丽中国。

3.2 自然资源领域的体制改革任务与落实情况

3.2.1 体制改革任务

根据中共中央、国务院印发的《生态文明体制改革总体方案》的任务分工，自然资源领域的改革任务主要是自然资源资产产权制度、国土空间开发保护制度、资源总量管理和全面节约制度、资源有偿使用和生态补偿制度共4项制度、12项改革任务（表3-1）。鉴于《深化农村改革综合性实施方案》（中办发〔2015〕49号）

明确提出由国土资源部、农业部、中央农办研究起草《关于加强耕地保护和改进占补平衡的意见》，再报请中共中央办公厅、国务院办公厅印发，耕地占补平衡的相关制度设计拟在该意见中予以明确，不再单独印发相关制度文件。

表3-1 自然资源领域的改革任务

改革任务	主要任务	完成时间	备注
自然资源资产产权制度	制定自然资源统一确权登记办法	2016年	
	制定全民所有自然资源资产有偿出让制度方案	2016年	后经中央全面深化改革领导小组办公室、中央财经领导小组办公室同意将名称调整为《全民所有自然资源资产有偿使用制度改革的指导意见》
	制定自然资源资产产权制度改革方案	2018年	2019年1月由中央全面深化改革委员会通过
	制定全民所有中央政府直接行使所有权、全民所有地方政府行使所有权的资源清单	2019年	
国土空间开发保护制度	制定自然生态空间用途管理办法	2016年	
资源总量管理和全面节约制度	制定完善耕地占补平衡制度方案	2016年	后经中央全面深化改革领导小组办公室同意，将名称调整为“关于加强耕地保护和改进占补平衡的意见”
	制定建设用地总量控制和减量化管理方案	2016年	
	制定矿山企业高效、综合利用信息公示制度和矿业权人“黑名单”制度方案	2015年	已报备中央财经领导小组办公室

续表

改革任务	主要任务	完成时间	备注
资源总量管理和全面节约制度	制定矿产资源开发利用水平调查评估制度方案	2016年	
	制定矿山地质环境保护和土地复垦制度方案	2016年	
资源有偿使用和生态补偿制度	制定扩大国有土地有偿使用范围的意见	2016年	
	制定矿业权出让制度改革方案	2016年	

上述改革任务涉及自然资源管理工作的全局，除2015年完成一项，2018年、2019年完成两项，以及2016年年底完成“矿产资源开发利用水平调查评估制度方案”外，其余的改革任务均在2016年7月底前完成报审。

3.2.2 自然资源资产产权制度

健全自然资源资产产权制度是由原国土资源部独立牵头的4项改革制度之一，主要涉及3个方面的4项任务。

1. 制定自然资源统一确权登记办法

针对当前自然资源产权不明晰、自然资源所有者和所有者代表不明确、资源所有者权益不落实及自然资源保护责任难以具体化等问题，应坚持资源公有、物权法定、统一确权登记的原则，逐步划清全民所有和集体所有之间的边界，划清全民所有、不同层级政府行使所有权的边界，划清不同集体所有者的边界，划清不同类型自然资源的边界（“四个边界”）推进确权登记法治化。这也是整个自然资源管理制度改革的基础性制度。

制定自然资源统一确权登记办法的基本思路有3个方面：①在不动产统一登记的基础上，调查并反映水流、森林、山岭、草原、荒地、滩涂等各类自然资源的利用现状，开展自然资源统一确权登记；②对于同一主体归口管理的自然保护区、风景名胜区、自然遗产、森林公园、地质公园、湿地公园、水产种质资源保护区、河流水域等自然资源生态空间完整范围，设置独立的自然资源登记单位，满足保护和监管的需求；③对于国家所有的自然资源，启动自然资源国家所有权的登记造册工作，制定登记制度、办法，进一步明确国有自然资源的权利和保护范围。

制定自然资源统一确权登记办法涉及4个方面的重点工作：①确定需要实施统一确权登记的自然资源范围，并逐步覆盖到全部自然资源资产；②梳理自然资源资产权利体系，明晰产权主体和行使代表；③明确自然资源统一确权登记的原则、机构、内容、程序，逐步实现对水流、森林、山岭、草原、荒地、滩涂等自然资源统一确权登记；④加强自然资源登记信息管理和应用。

按照《生态文明体制改革总体方案》的路线图，要在2016年完成制定自然资源统一确权登记办法。这项成果已按照既定的时间节点编制完成。截至2018年10月底，12个省份、32个试点区域共划定自然资源登记单元1 191个，确权登记总面积为186 727 km^2，重点探索了国家公园、湿地、水流、探明储量矿产资源等确权登记试点。各试点地区以不动产登记为基础，以划清“四个边界”为核心任务，以支撑山水林田湖草整体保护、系统修复、综合治理为目标，按要求完成了资源权属调查、登记单元划定、确权登记、数据库建设等主体工作，探索了一套行之有效的自然资源统一确权登记工作流程、技术方法和标准规范[1]。

2. 建立权责明确的自然资源产权体系

建立权责明确的自然资源产权体系有2项任务，分别要求于2016年和2018年完成。

（1）制定全民所有自然资源资产有偿出让制度方案

针对全民所有自然资源所有者权益不落实、监管职责不到位、低价或无偿出让全民所有自然资源、所有者权益受损等问题，应全面建立覆盖各类全民所有自然资源资产的有偿出让制度。

该制度方案坚持市场配置资源的决定性作用和更好地发挥政府作用，以保护优先、科学利用为导向，以用途管制、依法规制为前提，以完善权能、健全规划为核心，以创新体制、加强监管为保障，建立健全与我国自然资源国情和发展阶段、生态文明建设要求相适应的全民所有自然资源资产有偿出让制度，实现资源保护和合理利用水平显著提升、所有者权益更好维护、使用者合法权益有效保护等主要目标。

制定全民所有自然资源资产有偿出让制度方案有4项重点工作：①围绕维护国家所有者权益这条主线，聚焦全民所有自然资源资产有偿使用的范围、主体、方式、定价、监管及使用权能等内容，深化自然资源有偿使用制度改革；②通过改革，逐步扩大有偿使用范围，解决无偿、低价使用问题；③明确国家所有者的具体代表，完善使用权利体系和权能，逐步解决主体虚置的问题，建立健全价格评估机制，充分显化自然资源资产的经济价值；④加强对所有者具体代表履行全民所有自然资源资产管理职责及对资源使用权人法定义务的监管。

按照《生态文明体制改革总体方案》的路线图，要在2016年完成制定全民所有自然资源资产有偿出让制度方案。这项成果已按照既定的时间节点编制完成。

（2）制定自然资源资产产权制度改革方案

针对目前各类自然资源所有权和使用权主体、客体、内容不清晰，相关权利人的责任和保护责任不明确，政府监管不到位等问题，应构建归属清晰、权责明确、监管有效的自然资源资产产权制度。

该改革方案有4个方面的考虑：①制定权力清单，明确各类自然资源产权主体的权利；②处理好所有权与使用权的关系，创新自然资源全民所有权和集体所有权的实现形式，除生态功能重要的自然资源外，可推动所有者和使用者相分离，明确占有、使用、收益、处分等权利归属关系和责任；③适度扩大使用权的出让、转让、出租、抵押、担保、入股等权能；④明确国有农场、林场和牧场土地所有者与使用者的权能。

制定自然资源资产产权制度改革方案，就要使自然资源产权人在资源开发利用中实现权利和义务相统一，形成权利人保护和合理利用自然资源的内生机制。

按照《生态文明体制改革总体方案》的路线图，要在2018年完成制定自然资源资产产权制度改革方案。2019年1月23日，中央全面深化改革委员会第六次会议审议通过了《关于统筹推进自然资源资产产权制度改革的指导意见》。该会议强调，自然资源资产产权制度是加强生态保护、促进生态文明建设的重要基础性制度。要健全自然资源资产产权体系，明确产权主体，开展统一调查监测评价，加快统一确权登记，强化整体保护，落实监管责任，完善法律法规，注重改革创新，促进自然资源集约开发利用和生态保护修复。2019年4月，中共中央办公厅、国务院办公厅印发《关于统筹推进自然资源资产产权制度改革的指导意见》。该意见提出，以完善自然资源资产产权体系为重点，以落实产权主体为关键，以调查监测和确权登记为基础，着力促进自然资源集约开发利用和生态保护修复，加强监督管理，注重改革创新，加快构建系统完备、科学规范、运行高效的中国特色自然资源资产产权制度体系。

3. 探索建立分级行使所有权的体制

针对当前中央和地方在自然资源管理中的利益协调机制不够完善、事权划分不够清晰合理、事权执行不规范、中央事权明显不足等问题，应探索建立自然资源分级行使所有权的体制。

该体制的建立主要出于以下2个方面的考虑：①通过制定分级行使所有权的资源清单和空间范围，明确中央政府主要对石油天然气、贵重稀有矿产资源，重点国有林区、大江大河大湖和跨境河流，生态功能重要的湿地草原、海域滩涂，珍稀野生动植物种和部分国家公园等直接行使所有权；②其他类型自然资源资产下放地方直接行使所有权，其中对于非经营性自然资源资产，原则上只能由省级政府直接行使所有权，以确保实现其生态和社会效益。

探索建立分级行使所有权的体制有2项重点工作：①对全民所有自然资源资产，按照不同资源种类和在生态、经济、国防等方面的重要程度，研究全民所有中央政府直接行使所有权、全民所有地方政府行使所有权的资源清单和空间范围；②明确中央与地方在国有自然资源资产管理中的事权划分，发挥中央与地方两方面的积极性，在自然资源管理中形成合理分工、上下互动、形成合力的工作格局。

按照《生态文明体制改革总体方案》的路线图，要在2019年完成制定探索建立分级行使所有权的体制。当前，自然资源部自然资源所有者权益司负责该项工作，已经完成了全民所有自然资源资产委托代理机制试点方案和全民所有自然资源资产中央直接行使所有权资源清单等重要任务，也在不同层面征求了地方意见。

3.2.3 国土空间开发保护制度

国土空间开发保护制度有1项主要任务，即制定自然生态空间用途管制办法，主要是针对自然生态空间用途随意改变、生态规划种类繁多且相互交叉、用途管制制度未能覆盖全部国土空间等问题，通过制定自然生态空间用途管制办法，可以加强自然资源综合治理、规范开发利用行为，优化国土空间开发格局。

制定该办法主要是出于2个方面的考虑：①以土地用途管制制度为基础，将用途管制的范围由土地扩展到林地、草地、河流、湖泊、湿地、海域、滩涂等所有自然生态空间；②按照统一衔接、功能互补、相互协调、全域覆盖的要求，以调查评价和监测预警为基础，以空间规划为依据，以卫星遥感等科学为保障，建立自然生态空间指标控制体系，科学划定各类自然生态空间。

制定自然生态空间用途管制办法有4个方面的重点工作：①简化“自上而下”的用地指标控制体系，调整按行政区和用地基数分配指标的做法；②将开发强度指标分解到各县级行政区作为约束性指标，控制建设用地总量；③将用途管制扩大到所有自然生态空间，划定并严守生态红线，严禁任意改变用途，防止不合理开发建设活动对生态红线的破坏；④完善覆盖全部国土空间的监测系统，动态监测国土空间变化。

按照《生态文明体制改革总体方案》的路线图，要在2016年完成制定自然生态空间用途管制办法。这项改革任务已按照既定的时间节点完成。2017年3月24日，国土资源部会同国家发展改革委、财政部、环境保护部、住建部、水利部、农业部、林业局、海洋局、测绘局9个部门研究制定了《自然生态空间用途管制办法（试行）》，已经国务院同意予以印发。

3.2.4 资源总量管理和全面节约制度

资源总量管理和全面节约制度主要涉及5项任务。其中，“制定矿山企业高效、综合利用信息公示制度和矿业权人‘黑名单’制度方案”这项工作任务已于2015年完成，文件已报备中央财经领导小组办公室。以下4项任务则要求在2016年完成。

1. 完善最严格的耕地保护和土地节约集约利用制度

针对耕地质量低，建设过度占用优质耕地，占补平衡中先占后补、占优补劣、占水田补旱地等损坏耕地保护及土地利用粗放等问题，应进一步完善最严格的耕地保护制度和土地节约集约利用制度，以确保国家粮食安全等战略目标的实现。

该制度按照源头严防、过程严管、后果严惩的工作思路，加强耕地的全流程监管，实现耕地面积不减少、质量有提高、生态有改善的目标，为粮食高产稳产奠定基础，为国家安全提供可靠保障。

完善最严格的耕地保护和土地节约集约利用制度有3项重点工作：①强化耕地数量、质量、生态“三位一体”保护，完善基本农田保护制度，划定永久基本农田红线，将基本农田落地到户、上图入库，实行严格保护，除法律规定的国家重点建设项目选址无法避让外，其他任何建设不得占用；②加强耕地质量等级评定与监测，强化耕地质量保护与提升建设。完善耕地占补平衡制度，对新增建设用地占用耕地的规模实行总量控制，严格实行耕地占一补一、先补后占、占优补优；③全面推进建设占用耕作层土壤的剥离和再利用，探索开展严重污染耕地的修复工作。

按照《生态文明体制改革总体方案》的路线图，要在2016年完成制定完善耕地占补平衡制度方案。这项改革任务已按照既定的时间节点完成。

2. 建立建设用地总量控制和减量化管理制度

针对建设过度占用土地、单位建设用地投入强度低和产出效率低等问题，应建立建设用地总量控制和减量化管理制度，倒逼土地节约集约利用，落实土地总量与强度“双控”目标。

该制度按照严控增量、盘活存量、用好增量的原则，合理安排土地利用年度计划，建立节约集约用地激励和约束机制，调整结构，合理安排土地利用年度计划，促使土地节约集约利用目标的实现。

建立建设用地总量控制和减量化管理制度有5项重点工作：①制定建设用地总量控制减量化管理方案，强化约束性指标管理；②分地区、按产业健全完善节约用地的标准体系，严格用地标准管理；③科学设定单位GDP建设用地面积下降目标，强化考核和约束，把资源利用双控目标同环境改善目标、经济发展目标、社会和谐目标有机结合起来；④进一步完善市场配置、健全节约集约用地的内生机制；⑤建立节约集约责任考核体系，将地区节约集约用地情况与年度计划指标分配、城市建设用地规模调整、城市新区设立、开发区扩区升级、节约集约模范市县评选工作等相结合，并纳入经济社会发展综合评价体系中，作为目标考核的重要内容。

按照《生态文明体制改革总体方案》的路线图，要在2016年完成编制建设用地总量控制和减量化管理方案。这项改革任务已按照既定的时间节点完成。

3. 健全矿产资源开发利用管理制度

健全矿产资源开发利用管理制度包含2项任务。

（1）建立矿产资源开发利用水平调查评估制度

针对矿产资源开发水平家底难摸清、考核底数难掌握的问题，应建立矿产资源开发利用水平调查评估制度，为矿产资源开发利用效率管理提供基础性数据支撑。

该制度应构建“企业要报告、政府要抽查、行业要自评、结果要公开、奖惩要分明”的工作模式，实行分级分类调查评估，细化调查内容，科学制定评估标准，健全奖惩激励约束机制，以推进矿产资源全面节约与高效利用。

建立矿产资源开发利用水平调查评估制度主要有3项重点工作：①围绕调查什么、如何调查、评估什么、如何评估及评估结果怎么用5个问题形成一个制度，即矿产资源开发利用水平调查评估制度；②划定两条界线，即三率——开采回采率、选矿回收率、综合利用率的最低要求和“领跑者”的先进标准；③出台一个办法，即矿产资源开发利用水平调查评估办法。

按照《生态文明体制改革总体方案》的路线图，要在2016年完成编制矿产资源开发利用水平调查评估制度方案。这项改革任务已按照既定的时间节点完成。

（2）完善矿山地质环境保护和土地复垦制度

针对矿山地质环境整治不力的问题，应推进矿山地质环境恢复与综合治理机制创新，尽快形成在建、生产矿山和历史遗留等新老问题统筹解决的矿山地质环境保护和土地复垦的新局面。

该制度方案进一步完善了矿业权人履行矿山地质环境保护和矿山土地复垦法定义务的约束机制，严格矿山开发准入，强化资源管理对自然生态的源头保护作用；进一步完善矿山地质环境治理恢复保证金制度，探索建立“政府主导、政策扶持、社会参与、开发式治理、市场化运作”的矿山地质环境保护和土地复垦新模式；加强矿山地质环境和矿山土地复垦的事中、事后监管；简化矿业权审批前置环节，对矿山地质环境保护和土地复垦方案实行合并编制与审查。

完善矿山地质环境保护和土地复垦制度方案的重点工作主要有3项：①研究提出与改革要求相一致的指导思想、基本原则、主要目标、重点工作和政策措施；②研究提出矿山地质环境保护和土地复垦方案合并编制、审查、实施的技术路线；③研究提出合并后的管理要求、监管手段和具体措施。

按照《生态文明体制改革总体方案》的路线图，要在2016年完成编制矿山地质环境保护和土地复垦制度方案。这项改革任务已按照既定的时间节点完成。

3.2.5 资源有偿使用和生态补偿制度

资源有偿使用和生态补偿制度主要涉及2个方面的任务，均要求在2016年内完成。

1. 完善土地有偿使用制度

完善土地有偿使用制度主要是完善国有土地有偿使用制度，优化土地利用结构，进一步推进土地市场化改革，提高国有土地利用效率。

该制度以解决土地低价、低效甚至是无偿使用等问题为导向，以用途管制、依法规制为前提，以完善权能为基础，以健全规划为核心，以加强监管为保障，提高了土地的资产化价值。

完善土地有偿使用制度主要有4个方面的重点任务：①扩大国有土地有偿使用范围，扩大招标拍卖挂牌出让比例，减少非公益性用地划拨，将国有土地出让收支纳入预算管理；②改革完善工业用地供应方式，探索实行弹性出让年限及长期租赁、先租后让、租让结合供应；③完善地价形成机制和评估制度，健全土地登记体系，理顺与土地相关的出让金、租金和税费关系，建立有效调节工业用地和居住用地的合理比价机制，提高工业用地出让地价水平，降低工业用地比例；④探索通过土地承包经营、出让等方式健全国有农用地有偿使用制度。

按照《生态文明体制改革总体方案》的路线图，要在2016年完成编制扩大国有土地有偿使用范围的意见。这项改革任务已按照既定的时间节点完成。

2. 完善矿产资源有偿使用制度

针对部分地区矿业权竞争性出让机制不完善的问题，应按照市场经济规律和矿业发展规律的内在要求完善矿业权出让方式，原则上实行市场化出让，进一步扩大竞争性出让范围，严格规范和限制非竞争性出让行为。

该制度坚持目标和问题导向，以资源规划为引领，以市场化出让为遵循，与完善矿产资源有偿使用制度相衔接，全面推进矿业权竞争性出让，严格限制协议出让；规范矿业权出让管理权限，加强出让监管服务；建立竞争出让更加全面、有偿使用更加完善、事权划分更加合理、监管服务更加到位、符合市场经济要求和矿业规律的矿业权出让制度。

完善矿产资源有偿使用制度主要有4个方面的重点工作：①完善探矿权、采矿权竞争出让制度，扩大竞争性出让范围，原则上以招标拍卖挂牌方式出让，进一步完善矿业权有偿出让办法；②严格限制和规范矿业权的非竞争性出让，建立协议出让基准价动态调整机制；③调整和规范采矿权部、省、市、县四级出让管理权限，完善矿业权分类出让制度体系；④推进实现全国统一的矿业权交易平台建设，加大矿业权出让转让信息公开，建立健全矿业权出让事前、事中和事后全过程监管制度。

按照《生态文明体制改革总体方案》的路线图，要在2016年完成编制矿业权出让制度改革方案。这项改革任务已按照既定的时间节点完成。

3.3 自然资源管理领域存在的问题

当前，我国正处于生态文明体制改革的关键期，也是各类改革政策出台的密集期，对自然资源的开发利用和保护有着极为重要的意义。但总体来看，长期以来由于没有正确树立合理开发利用自然资源的理念，自然资源的管理体制和制度都不完善，在很大程度上影响了自然资源管理改革政策的效能。

3.3.1 适应生态文明要求的资源开发利用理念尚未形成

发展理念影响自然资源开发决策。长期以来，“以GDP论英雄”的政绩观导致地方政府盲目追求经济增长，普遍存在“重金山银山、轻绿水青山”的思想，加之高投入、高消耗、高污染的传统生产方式没有发生根本改变，我国经济增长在取得举世瞩目成就的同时也付出了高昂的代价。资源利用粗放与约束趋紧并存，环境污染和生态退化严重相互影响，能源危机、淡水危机、气候异常、物种灭绝等生态安全问题频现，成为制约生态文明建设的重要障碍。这些问题的出现与缺少顶层规划、盲目开发、过度开发有关，在发展理念上存在思想桎梏、偏离科学发展观的要求、盲目攀比的问题，左右着地区的发展方向。对此，必须牢固树立尊重自然、顺应自然、保护自然的生态文明理念，增强绿水青山就是金山银山的意识，坚持在开发中保护、在保护中开发，实现开发与保护的统一。

3.3.2 适应生态文明要求的自然资源管理制度还不完善

自然资源管理制度是生态文明制度体系的重要内容。我国在源头严防、过程严管、后果严惩三个环节上的制度虽然已初具雏形，但依然缺乏适应生态文明要求的管理制度措施。在源头管控上，虽然已经在中央层面出台了《关于统筹推进自然资源资产产权制度改革的指导意见》，但自然资源资产产权制度尚不完整[2]，资源产权关系不够明晰，资源权益保护不力；虽然出台了《中共中央　国务院关于建立国土空间规划体系并监督实施的若干意见》（中发〔2019〕18号），但用途管制制度覆盖到全部国土空间尚需时日，在很大程度上造成了对湿地、滩涂等资源的保护不力；法律法规体系不完善，立法部门化，法规不配套，综合性的法律缺失。在过程严管上，资源节约集约利用缺乏科学的标准规范和考评机制，政府对资源配置的干预作用强、程度深、范围广，市场的决定性作用未能得到充分发挥，资源开发利用和配置的经济合理性在很大程度上缺乏依据；国土空间缺少系统性的综合整治，使山水林田湖草沙生命共同体被人为割裂。在后果惩治上，缺乏严厉的责任追究和赔偿制度，对违法违规开发利用自然资源、地方政府越权配置资源等行为难以实行有效监管；利益主体缺位，法律权力不足；尚未形成自然资源权利秩序，缺乏有效的自然资源纠纷处理机制。对此，需要围绕生态文明体制改革，持续健全自然资源管理制度。

3.3.3 适应生态文明要求的自然资源管理体制尚未建立

自然资源管理体制是我国生态文明体制的重要组成部分。长期以来，我国存在着自然资源管理条块分割，资源管理部门和生态环境部门在资源开发利用、环境保护规划、标准的制定、监管和实施上职能重叠交叉、界限不清、机构重复设置、衔接环节缺位错位等问题[3]；部门之间缺乏有效的综合协调机制，各自为政、分散用力，突出部门和本级利益，总体利益保护缺位问题严重，尤其是综合决策部门反应滞后，职能交叉重叠领域缺乏终极决策机制，相互推诿扯皮带来政出多门、各自为政的现象，导致资源管理的综合效益难以有效发挥，影响了国家自然资源监管的效率和效果。因此，亟待建立统筹协调管理体制。我国自然资源监督管理尚未形成合力，监管起来容易顾此失彼。资源开发利用乱象比较严重，开发利用秩序尚未根本好转。有的地方重视“多规合一”和编制空间规划，但轻视统一国土空间规划的实施落实和监管。自然资源资产管理体制不完善，所有者地位模糊弱化，产权主体被虚置，导致全民所有自然资源资产收益流失比较严重。自然资源管理体制尚有完善的空间。本轮机构改革成立了自然资源部，重新组建了水利部，土地、地质、矿产、林草和水资源的综合管理得到进一步加强，正朝着生态文明体制改革的要求发展，但仍有继续完善的空间，主要表现在3个方面：①自然资源的调查职责仍未实现完全意义上的集中统一管理，从自然资源部、水利部的“三定方案”来看，水资源的调查职责仍然分散在这两个部门，未实现实质意义上的综合管理；②能源资源离实现综合管理尚有很大差距，煤炭、石油、天然气的探矿权与采矿权的行政管理属于自然资源部，而能源的生产许可、综合利用、消费总量控制职责属于国家能源局，这不利于实现勘探开发与市场需求的协调；③集中统一的自然保护地体系尚未形成，如新组建的国家林草局负责自然保护区、风景名胜区、自然遗产、地质公园等的管理职责，而生态环境部负责各类自然保护地的监管和生态保护红线的划定工作；对于湿地管理职能的划分也较为混乱，农业农村、水利、生态环境和林草等部门都涉及相应的管理职能，难以形成管理合力。

3.4 建立系统完整的自然资源管理制度体系

3.4.1 科学设计制度框架

根据《生态文明体制改革总体方案》和对生态文明制度体系的理解，自然资源管理制度体系应由两大基础、三大环节、四大保障组成（图3-1）。

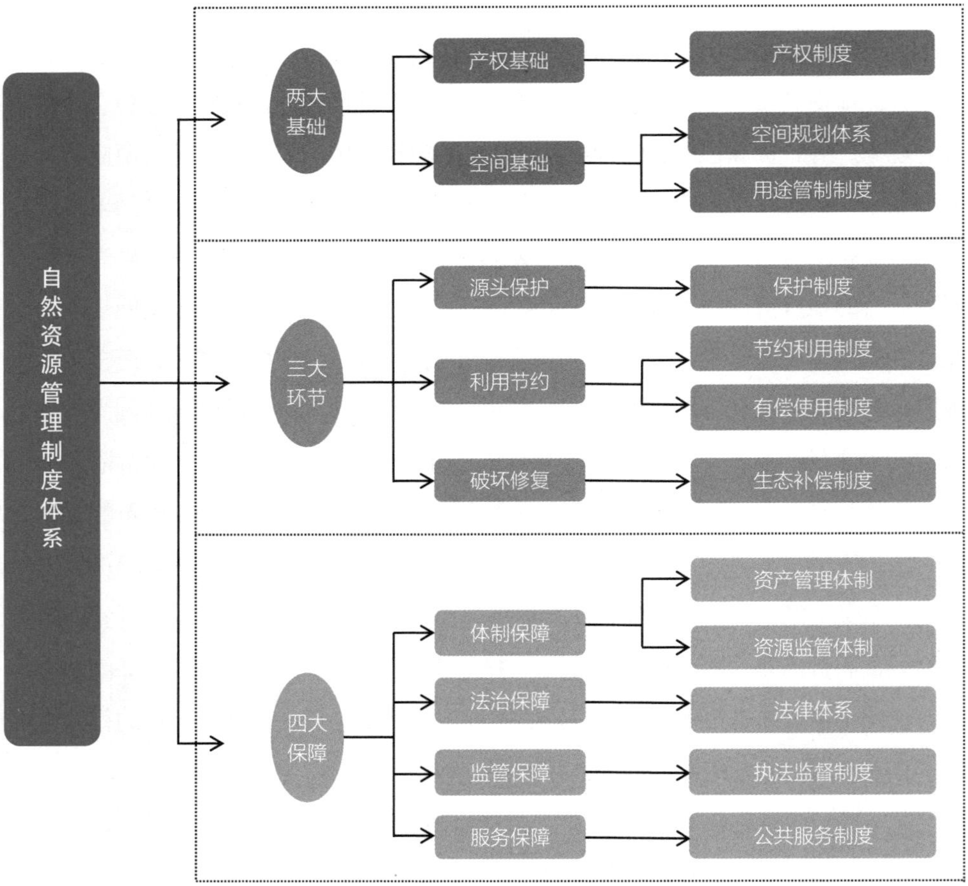

图3-1　自然资源管理制度体系框架

产权制度和空间规划体系（包括用途管制制度）是自然资源管理制度体系中的两大基础性制度。产权制度既是自然资源开发利用的核心制度，又是生态文明建设的基础性制度，贯穿于生态文明建设的全过程。健全自然资源资产产权制度，既是加强生态文明建设的根本任务，又是实行有偿使用制度、发挥市场配置资源的核心。空间规划体系是用途管制制度的基础，建立统一的空间规划体系有利于发挥规划的用途管制作用，规范国土空间开发秩序，消除空间规划部门之间的矛盾，推动规划体制创新。用途管制制度是优化国土空间开发格局的重要手段，健全用途管制制度有利于解决自然生态空间用途随意改变、用途管制制度未能覆盖全部国土空间等问题。

源头保护、利用节约、破坏修复是自然资源管理制度体系的三大核心环节，是建设生态文明、实现美丽中国的治本之策和关键措施。源头保护是维护国家资源安全和生态安全的首要之策，利用节约是提高资源利用效率、保护生态环境的基本手段，破坏修复是保护资源和促进生态恢复的重要途径。

体制保障、法治保障、监管保障和服务保障是自然资源管理制度体系中的四大法宝。管理体制是理顺自然资源管制格局的根本之策。法律体系是推进改革和巩固自然资源改革成果的法治保障，监督管理是强化自然资源保护、落实自然资源损害责任追究的强大监管保障，服务保障是推进政府职能转变的基础。

3.4.2　夯实重要基础

1. 健全自然资源资产产权制度

健全自然资源资产产权制度是推进生态文明建设的重要基础，应针对产权归属不清晰、权责不明、产权保护不严格、流转不顺畅、所有者权益难落实和产权制度不完善等问题[4]，构建归属清晰、权责明确、流转顺畅、保护严格的自然资源资产产权制度，使市场在自然资源资产产权配置中发挥决定性作用，形成多样化、多层次的自然资源资产产权制度体系。一是要建立统一的确权登记系统。以落实《自然生态空间用途管制办法（试行）》为契机，对水流、森林、山岭、草原、荒地、滩涂等所有自然生态空间统一进行确权登记，清晰界定全部国土空间各类自然资源资产的产权主体，逐步划清全民所有和集体所有之间的边界，划清全民所有、不同层级政府行使所有权的边界，划清不同集体所有者的边界。加快推进自然资源统一确权登记试点，形成可复制、可推广的经验。二是要健全自然资源资产产权体系。在《关于健全国家自然资源资产管理体制试点方案》的基础上，不断探索，总结经验，明确全民所有自然资源资产所有权主体代表，细化授权相关职能部门行使全民所有权的职权范围，落实集体所有自然资源所有权地位，推动所有权和使用权充分分离，明确占有、使用、收益和处分等权利归属和权责，适度扩大使用权的出让、转让、出租、抵押、担保、入股等权能。按照中央要求，加快落实《关于统筹推进自然资源资产产权制度改革的指导意见》，强化自然资源资产产权制度对自然资源和利益相关者的保护。三是要健全自然资源资产产权保护制度。尊重和保障自然资源使用权人的合法权益，在符合用途管制及法律规定的条件下，保护自然资源使用权人的自主权，允许自然资源使用权人根据自然资源的具体情况进行合理的开发利用，不得以任何行政手段干涉其合法生产经营活动。四是要探索解决国家公园集体土地权属问题的路径。对国家公园内的集体土地，可通过征收、流转和协议等方式调整土地权属，或以地役权的形式规定土地用途[5]。

2. 构建统一的国土空间规划体系

统一的国土空间规划体系是国土开发与生产力布局的基本依据，关系到生态文明建设的全局。“多龙治水”的国土空间管理体制破坏了生产空间、生活空间和生态空间的完整性，导致国土空间定位矛盾，影响了国土空间效能的提高[6]，对生态文明建设造成不利影响。建立统一的国土空间规划体系应立足于生态文明建设全局，以着力落实《中共中央 国务院关于建立国土空间规划体系并监督实施的若干意见》为基础，牢固树立创新、协调、绿色、开放、共享的新发展理念，明确建设空间、保护空间和整治空间，促进生产空间、生活空间、生态空间的协调和国土空间开发格局的优化，实现生产空间集约高效、生活空间宜居适度、生态空间山清水秀。建立统一的国土空间规划体系，在落实《省级空间规划试点方案》的基础上，应以编制统一的国土空间规划为基础，统领各类空间规划，实现土地利用总体规划与城乡建设规划等相关空间规划的融合，形成全域覆盖、定位清晰、功能互补、衔接协调、管控有序的国土空间规划体系[7]。

3. 健全国土空间用途管制制度

用途管制制度是自然资源管理制度的核心制度。我国虽然已经建立了严格的耕地用途管制制度和相对严格的林地用途管制制度，但尚未覆盖全部国土空间，水域、山岭、草原、荒地、海域、滩涂等自然生态空间还没有完全建立用途管制制度，部分山地、林地、湿地、湖泊等受到开发破坏的现象仍大量存在。林地用途管制制度尚不健全，一些地方林地被改变用途或非法征收占用的现象依然严重，造成林地的大量流失和森林资源的严重破坏[8]，使局部地区的生态环境进一步恶化。对此，围绕落实《自然生态空间用途管制办法（试行）》应突出以下工作：①加快建立统一的国土空间规划体系，夯实用途管制制度的基础；②以土地用途管制制度为基础，将用途管制扩大到林地、草地、河流、湖泊、湿地、海域、滩涂等所有自然生态空间，严禁任意改变用途；③建立自然资源开发许可制度和用途转用审批制度，严格保护自然资源，从严控制随意开发行为。

3.4.3 强化关键环节

1. 健全源头保护制度

保护自然资源就是保护生态环境，就是保护生产力。立足解决自然资源管理过程中重开发轻保护和资源保护顾此失彼等问题[9]，要树立源头保护理念，健全完善责任明确的自然资源源头保护制度。一是建立生态红线保护制度，将对区域生态功能保护和恢复具有重要价值的生态用地划入生态红线，实施特殊保护。二是健全耕地数量、质量、生态“三位一体”的保护制度。贯彻《中共中央 国务院关于加强耕地保护和改进占补平衡的意见》，实施“藏粮于地、藏粮于技”的战略，继续大规模推进高标准农田建设，加快划定全国永久基本农田，夯实国家粮食安全基础；建立耕地占补平衡管理新机制，按照“控占用、调方式、算大账、差别化”的思路，改进与规范占补平衡管理政策；全面推进建设占用耕地耕作层土壤剥离利用制度，不断探索剥离技术方法与土壤利用模式。三是对矿业开发实行开发与保护相结合的制度，按照“点上开发、面上保护”的思路推进绿色矿山建设。四是按照流域管理系统的整体性，坚持政府主导、属地管理、分级负责、部门协作、社会共治，构建河湖保护管理工作机制；将流域管理与行政区管理相结合，构建省、市、县、乡、村五级“河长”组织体系，促进河湖健康发展。五是加快落实《关于建立以国家公园为主体的自然保护地体系的指导意见》。按照山水林田湖草沙是生命共同体的理念，创新自然保护地管理体制机制，实施自然保护地统一设置、分级管理、分区管控，把具有国家代表性的重要自然生态系统纳入国家公园体系，实行严格保护，形成以国家公园为主体、自然保护区为基础、各类自然公园为补充的自然保护地管理体系。

2. 健全节约集约利用制度

节约资源是保护生态环境的根本之策。为促进自然资源的节约集约利用，国家有关部门在规划计划、定额标准、评价考核等方面做了大量工作，虽然初步形成了有利于自然资源节约集约利用的制度框架体系，但与中央的要求相比，还存在一定差距，主要表现在节约集约利用的规划源头管控作用发挥不足，城镇建设规划突破土地利用总体规划的现象时常发生；自然资源节约集约利用制度缺少法律约束，尚没有明确规定突破规划、计划及标准，粗放、闲置、浪费等行为的法律责任；资源配置的市场化程度低，反映出资源稀缺程度、供求关系和环境损害的价格机制尚未形成；自然资源节约集约利用标准相对缺乏，覆盖资源开发利用全过程的标准体系尚未建立；节约集约利用的激励约束机制未产生实质性影响；等等。对此，应按照“规划管控、严格准入、激励约束、考核评价、加强监督”的思路，完善和落实最严格的自然资源节约集约利用制度：①强化资源规划引导控制作用，强化规划对自然资源利用的约束作用，严格执行总量控制，维护规划权威性和严肃性；②健全资源节约集约利用准入制度，明细自然资源产权关系，完善市场体系建设，实现资源的优化配置，抓紧编制一批急需的标准规范，提高资源开发利用准入门槛；③建立以市场为主的资源价格形成机制，积极推进自然资源价格的市场化改革，逐步建立科学的能够反映自然资源稀缺程度、市场供求关系和污染环境治理成本的价格形成机制；④完善资源节约集约利用激励约束机制，科学运用“价、税、费、金”等经济杠杆充分调动企业和社会开展资源节约的积极性；⑤健全节约集约利用考核机制，制定完善规划执行度、资源利用效率和节约集约利用制度建设等方面的考核体系，并将其纳入地方各级主要领导的离任审计。

3. 健全有偿使用制度

有偿使用制度是发挥市场配置资源决定性作用、提高资源保护和合理利用水平的重要途径。虽然我国自然资源资产有偿使用制度建设取得了显著进展，但是仍然存在制度不健全、产权体系不协调、各资源类型发展不平衡、制度效力与效率不够、利益机制不合理、监管不完善等问题，在一定程度上导致自然资源耗损严重，生态环境日益恶化。改革的重点应围绕落实《国务院关于全民所有自然资源资产有偿使用制度改革的指导意见》（国发〔2016〕82号），重点突出以下几个方面：①取消土地供应双轨制，扩大国有土地有偿使用范围，逐步缩小非公益性用地划拨范围，除军事、国防、社会保障房等特殊用地外，各类建设用地均实行有偿出让和使用制度，建立健全未利用地有偿出让制度，明确未利用地开发的前提条件，不涉及改变地类性质的原则上以租赁方式供地；②严格界定公共利益征地行为，因军事和外交、政府组织实施的基础设施、公共事业、扶贫搬迁和保障性安居工程建设需要及成片开发建设六种情形确需征收的，由国家依法实施征收；③从严控制矿产资源协议出让，完善矿业权分区设置出让管理办法，大幅提高矿业权竞争性出让比重；④明晰水、森林、草原有偿使用范围，区分经营性用水和公益性用水，重点探索建立国有森林资源景观资产有偿使用制度，严格界定全民所有草原资源有偿使用范围；⑤完善自然资源有偿使用方式，规范出让收益管理。

4. 健全生态补偿制度

生态补偿制度是促进生态修复的重要手段。我国生态修复与补偿制度在补偿范围、补偿标准、补偿方式、管理体制等方面尚不完善，在一定程度上影响了生态环境保护措施实施的成效性[10]。健全生态补偿制度，应以《国务院办公厅关于健全生态保护补偿机制的意见》（国发〔2016〕31号）为纲领，科学界定生态保护者与受益者的权利、义务，加快形成生态损害者赔偿、受益者付费、保护者得到合理补偿的运行机制。①加快建立生态补偿制度，在补偿途径、补偿标准和补偿方式等方面不断探索，逐渐形成“谁开发谁保护、谁受益谁补偿”的利益调节格局；②建立地区间的横向生态保护补偿机制，引导生态受益地区与保护地区之间的生态补偿完善资源消费区对资源产区、上游对下游和东部对西部的生态补偿，逐步建立体现生态价值和代际补偿的生态补偿制度，促使社会主体节约资源、保护环境，用生态补偿的制度成果保障生态文明建设；③逐步建立和完善重点生态区域的生态补偿机制，建立生态恢复保证金制度，完善矿山地质环境保护和土地复垦制度，形成国土综合整治和生态修复的长效机制。

3.4.4 加强核心保障

1. 完善公共服务制度

健全完善的自然资源公共服务制度是对自然资源管理制度的有效补充。虽然我国分部门的自然资源公共服务已初具雏形，但受条块分割的资源管理体制影响，各类公共服务以单项资源管理部门为主，缺乏综合性的调查、评价、开发和利用服务，从而导致公共服务范围过窄、社会化服务程度低。完善自然资源公共服务制度，应重点突出以下内容：扩大和丰富自然资源公共服务的范围及内容，健全自然资源公共服务机构，完善自然资源公共服务的法律和政策，加强建设自然资源公共服务基础设施和应用平台，实现自然资源公共服务网络化和便利化。

2. 健全执法监督制度

执法监督制度是遏制生态破坏、强化监督的有效手段。目前，我国自然资源执法监督制度自成体系、相对分散，缺乏综合监督和协调机制，在横向上造成部门协同难度大、执法监督成本高、监督效能低下等问题。改革自然资源执法监督体制，一要以制定综合性的自然资源管理法为基础，进一步提高监督管理的地位，整合优化自然资源监督力量，实现垂直管理；二要健全自然资源执法监管手段，充分利用卫星遥感监测、电子眼、物联网等现代信息技术，发挥大数据的优势，实现监管数据共享，提高监管成效。

3. 完善法律体系

法律体系是自然资源管理制度的有效保障。经过多年的探索，我国自然资源法律体系虽然已经基本建成，但是在生态文明建设的新形势下，相关法律制度还存在

“缺”“散”“乱”“旧”“软”等不同程度的问题。改革的重点应突出以下2个方面：①稳步推行各项单门类自然资源产权法律的修改，针对法律缺失的湿地立法，稳步推进包括《耕地保护法》在内的各项法律的制修订工作，将相关产权的具体内容和保护措施等进行系统规定；②深入开展自然资源产权综合立法工作，对《中华人民共和国农村土地承包法》《中华人民共和国城市房地产管理法》《土地管理法》等相关单门类土地法律进行整合，形成土地资源管理的基础性法律，以《民法典》的施行为契机，重新梳理自然资源相关物权体系，探索自然资源综合立法，加快国土空间开发保护法的立法进程。

4. 深入推进管理体制改革

自然资源部的组建为统一行使全民所有自然资源资产所有者职责，统一行使所有国土空间用途管制和生态保护修复职责，着力解决自然资源所有者不到位、空间规划重叠等问题，实现山水林田湖草沙整体保护、系统修复、综合治理提供了体制基础。首先，在统一行使全民所有自然资源资产所有者职责过程中，可以着力健全全民所有自然资源资产管理体制。在开展全民所有自然资源资产统一调查、监测、统计、核算的基础上，编制全民所有自然资源资产年度报告及全民所有自然资源资产中央政府直接行使、委托地方政府代理行使所有权的资源清单，明晰中央与地方政府在自然资源资产管理体系中的责任与权利关系、事权与财权关系。其次，在统一行使所有国土空间用途管制和生态保护修复职责过程中，可以着力健全完善自然资源监管体制。一方面，建立以统一的国土空间规划为基础、以全域用途管制为手段的国土空间开发保护制度。已编制国土空间规划的地方行政单元不再编制土地利用总体规划和城乡规划；在编制国土空间规划前，经依法批准的土地利用总体规划和城乡规划继续执行[11]。另一方面，以土地用途管制为基础将用途管制拓展到全部国土空间，并实施全域国土综合整治和生态保护修复。最后，以自然资源融合管理为基础深挖生态文明体制改革红利，系统分析自然资源管理体制领域的突出问题，提出优化完善管理体制的具体方案。

参考文献

[1] 自然资源统一确权登记试点取得积极进展 [EB/OL] . (2018-10-29) [2021-09-26] .http : //www.mnr.gov.cn/dt/ywbb/201810/t20181030_2292007.html.

[2] 马永欢，刘青春 . 对我国自然资源产权制度建设的战略思考 [J] . 中国科学院院刊，2015，30 (4) : 503-508.

[3] 中央编办二司课题组 . 关于完善自然资源管理体制的初步思考 [J] . 中国机构改革与管理，2016 (5) : 29-31.

[4] 马永欢，吴初国，苏利阳，等 . 重构自然资源管理制度体系 [J] . 中国科学院院刊，2017，32 (7) : 757-765.

[5] 马永欢，黄宝荣，林慧，等 . 对我国自然保护地管理体系建设的思考 [J]，生态经济，2019 (9): 182-186.

[6] 杨荫凯 . 国家空间规划体系的背景和框架 [J] . 改革，2014 (8) : 125-130.

[7] 李月寒，何佳，包存宽 . 我国现行空间规划的职责交叉与亟待正确处理的四大关系——基于《生态文明体制改革总体方案》的分析 [J] . 上海城市管理，2016 (1) : 10-14.

[8] 祁帆，李宪文，刘康 . 自然生态空间用途管制制度研究 [J] . 中国土地，2016 (12) : 21-23.

[9] 赵青青 . 资源性国有资产管理体制改革研究 [D] . 长春：吉林大学，2014.

[10] 丁四保，等 . 主体功能区的生态补偿研究 [M] . 北京：科学出版社，2009.

[11] 国务院 . 中华人民共和国土地管理法实施条例 [EB/OL] . (2021-07-30) [2021-09-26] . http : //www.gov.cn/zhengce/content/2021-07/30/content_5628461.htm.

第4章

完善我国国土空间治理体系

XINSHIDAI
SHENGTAI WENMING
CONGSHU

国土空间是一个国家行使主权的场所，建设好、保护好、管理好国土空间是衡量执政党和政府执政能力，特别是空间治理能力的核心标准。国土空间是建设美丽家园的载体，国土空间资源是实现中国梦最重要的自然物质基础。我国国土空间辽阔、区域间差异性显著，要实现国土空间的有序管理、科学开发、合理利用就必须走“立法为本、规划先行”之路。健全空间治理的法规制度、健全空间规划体系将成为党的十九大后我国加快空间治理体系现代化、提升空间治理能力的重大战略任务，将对实现中华民族伟大复兴具有决定性的意义。

4.1 我国国土空间规划改革历程

中华人民共和国成立以来，我国国土空间治理长期处于较为低效的阶段，重计划发展、轻国土布局成为这一时期的鲜明特征。国土空间规划，特别是以地方政府和建设部门为主导的城市规划，成为一段时期中央进行国土空间治理的重要抓手。20世纪80年代后期，随着国土规划、环境保护等各类国土性质规划的出现，规划之间相互冲突、不衔接的问题凸显，已经严重制约了国民经济的健康、可持续发展。进入21世纪，国土空间规划逐步进入改革阶段。党的十八届三中全会之后，规划体制改革深入推进，党的十八届五中全会提出推进“多规合一”的战略部署。党的十九大报告提出，要构建国土空间开发保护制度，统一行使所有国土空间用途管制和生态保护修复职责。在构建全国统一的国土空间规划体系背景下，回顾国土空间规划改革历程对深化国土空间规划理论和政策研究具有重要意义[1]。

4.1.1 专项基础：各类空间性规划探索

1. 国土规划

20世纪80年代初，随着改革开放的不断深入和经济社会的快速增长，国土规划获得了长足发展[2]。1984年，国家计划委员会（以下简称国家计委）出台了《关于进一步搞好省、自治区、直辖市国土规划试点工作的通知》。1985年，国务院正式批准由国家计委编制《全国国土总体规划纲要》。1987年8月，经国务院批准，国家计委颁发了《国土规划编制办法》，这是我国第一部关于国土规划的行政法规。1987年10月，国家计委向国务院提出《关于报送〈全国国土总体规划纲要〉（送审稿）的报告》，但由于当时机构改革和国家发展战略调整等原因，该报告未被国务院批复。1998年，国务院机构改革，国土规划的职能由国家计委调整到国土资源部。2001年，国土资源部印发了《关于国土规划试点工作有关问题的通知》（国土资发〔2001〕259号），并在深圳市和天津市开展了国土规划试点工作。随后，辽宁、新疆、广东也被纳入国土规划试点省（区）。2009年，我国又启动了福建、重庆、山东、浙江、上海、贵州、河南中原城市群、广西北部湾经济区、湖南长株潭经济区 9 个省（区、市）或经济区的区域国土规划编制工作。

2. 主体功能区划

国民经济和社会发展规划中不乏对区域划分做出的规定，如“九五”计划中的七大区域，它们虽有指导性与针对性，但缺乏约束性。2003年，国家计委首次提出“五年计划纲要”要大力充实空间规划的内容，将全国五年计划定位为“国家总体规划”。在这一背景下，一些学者提出了“功能区”的构想。2011年，国家颁布了《全国主体功能区规划》，将全国划分为优化开发区、重点开发区、限制开发区和禁止开发区4类地区及城市化地区、农业地区和生态地区3类功能区[3]。具有战略性、基础性、约束性作用的主体功能区划制度在党的十八届三中全会《中共中央关于全面深化改革若干重大问题的决定》及党的十九大报告中被明确为国土空间开发保护的基础。

3. 土地规划

1986年实施的《土地管理法》规定“城市规划和土地利用总体规划应当协调，在城市规划区内，土地利用应当符合城市规划”，因此第一轮土地规划（1987—2000年）将主要对象确定为城市规划区外的农村土地。1998年，国家开始编制第二轮土地规划（1997—2010年），该轮规划在理念上过度强调对耕地和基本农田的保护，未充分考虑经济发展所需的建设用地供给及土地利用对生态环境的影响，使规划在实践过程中缺乏科学合理性与可操作性[4]。第三轮土地规划（2006—2020年）由单一目标规划逐渐变为多目标规划，构建了经济、生态、社会3个方面节约集约用地的评价指标体系，并将土地利用总体规划的指标控制延伸到了村层级；统筹各类用地，强化土地利用空间管制，提出划定“三界四区”，并于2014年与住建部联合开展了城市开发边界试点工作。

4. 城市规划

1980年，国家建设委员会召开全国城市规划工作会议，确定城市规划在城市建设中的龙头地位。这一时期地理学科的介入使城市规划领域意识到城市与区域空间不再是计划经济时期的容器，而是具有一定经济价值的要素[5]。此外，城市规划开始转向综合，并结合西方规划理论与方法开展控规（控制性详细规划）探索与实践，创造城镇体系规划。1989年颁布的《中华人民共和国城市规划法》（现已废止）使全国城市规划工作在法律框架下得以规范开展。我国逐渐形成了由城镇体系规划、城镇总体规划、城市分区规划、城镇详细规划等组成的法定规划体系。自21世纪以来，生态文明建设的要求倒逼城市精明增长，城市规划面临空间结构优化的艰巨任务和严峻挑战[6]。以2008年《中华人民共和国城乡规划法》（以下简称《城乡规划法》）的正式施行为标志，城市规划更加注重制度建设、城乡统筹、多元包容、创新发展和空间资源的配置，城市规划工作从城市范围扩展到城乡全域。2015年召开的中央城市工作会议要求推进规划体制改革，建立空间规划体系。

5. 环境规划

1982年12月，环境保护首次作为独立篇章成为“六五”计划的重要组成部分。自“十五”开始，全国生态环境保护计（规）划作为重点专项规划由国家环境保护主管部门发布。《环境保护法》明文规定，全国生态环境保护五年计（规）划以国民经济和社会发展规划的指导和要求为基础。随着对国土空间开发保护的环境管制理念的重视，我国环境保护规划逐渐走向空间引导，如2002年汇总了全国水环境功能区划成果，2008年发布了《全国生态功能区划》，2012年开始环境功能区划试点，2017年国家明确指出要“确立生态保护红线的优先地位，相关规划要符合生态保护红线的空间管控要求，发挥生态保护红线对于国土空间开发的底线作用，将其作为空间规划编制的重要基础”。

4.1.2　综合治理：国土空间规划改革进展

1.“三规合一”理论探讨与实践

2000年以后，我国经济发展进入起飞阶段，空间资源竞争越来越激烈，国土空间规划的重要性越来越受到政府和社会的重视[7]。2003年，广西壮族自治区钦州市率先提出以国民经济和社会发展规划为依据，加强与城乡规划、土地利用规划相衔接的“三规合一”规划思路。2004年，国家发展改革委在钦州市、苏州市等6个地市县开展“三规合一”试点。此时的“多规合一”总体上还停留在理念上，住建部门和国土部门的参与度不够，无论是技术，还是思路，“合”的难度非常大。之后，我国经济保持高速增长，各类建设对空间的需求越来越大，空间供求矛盾非常突出。2008年，上海市、武汉市相继合并原国土部门和规划部门并开展“两规合一”，浙江省也开始探索“两规衔接”，主要目标是消除城乡规划和土地利用规划在城乡规划建设区内的图斑差异，提高政府行政效能。2010年，重庆市借统筹城乡综合配套改革试验区先行先试之机开展了“四规叠合”。2012年，广州市在不打破部门行政架构的背景下，首先在全国特大城市中探索开展“三规合一”。

2.“多规合一”讨论热潮与实践

2013年，中央城镇化工作会议首次提出探索经济社会发展、城乡、土地利用规划的“三规合一”或“多规合一”，形成“一个县（市）一本规划、一张蓝图”。2014年，国家发展改革委、国土资源部、环境保护部、住建部四部委联合印发《关于开展市县“多规合一”试点工作的通知》（发展规划〔2014〕1971号），提出在全国28个市县开展“多规合一”试点。这一时期，各地都处于探索阶段，虽尚无成熟法规和技术标准指导，但大部分试点地区完成了图斑差异的处理，初步达成“一张蓝图”的目标，部分试点地区建成了国土空间信息平台。总体而言，试点取得一定成效[8]。2016年2月，习近平总书记高度肯定浙江省开化县关于“多规合一”试点落实情况；同时，明确国民经济社会发展规划不再列入“多规合一”试点范畴。

2015年，《生态文明体制改革总体方案》首次明确提出“构建以空间治理和空间结构优化为主要内容，全国统一、相互衔接、分级管理的空间规划体系”。在这个文件中提出“空间规划”表明空间规划要坚持生态文明理念，其核心是用空间的思维解决生态环境的问题[9]，以自然资源环境承载力和国土空间适宜性评价为基础[10]，合理划分城镇、农业、生态空间。2016年，中共中央办公厅、国务院办公厅印发《省级空间规划试点方案》，提出“以主体功能区规划为基础，全面摸清并分析国土空间本底条件，划定城镇、农业、生态空间以及生态保护红线、永久基本农田、城镇开发边界”（“三区三线”）。在生态文明体制改革大背景下编制的空间规划，首先应划定生态保护红线，其次是划定永久基本农田红线，最后要划定城镇开发边界。党的十九大报告强调“完成生态保护红线、永久基本农田、城镇开发边界三条控制线划定工作”。至此，空间规划的理念和空间规划应该具备的要素已基本明确。

2016年，在海南和宁夏试点的基础上，综合考虑地方工作基础和相关条件，又把吉林、浙江、福建、江西、河南、广西、贵州7个省（区）纳入省级空间规划试点范畴。这9个省（区）以省级空间规划试点为契机，积极开展“多规合一”试点，探索市县空间规划的基本思路。在技术方法、政策保障、法律法规、规划体制改革等方面积累了丰富的经验[11]。部分市县响应建设法治政府的号召，探索建立“多规合一”的法律法规，为“多规合一”提供了法治保障。例如，厦门市2016年颁布实施的《厦门经济特区多规合一管理若干规定》成为首部对“多规合一”管理进行立法的地方性法规。

3. 国土空间规划试点与全面推进

2018年3月，中共中央印发了《深化党和国家机构改革方案》，标志着我国的国土空间规划体制改革全面启动（表4-1），正式启动了体制改革和规划整合，实现了行政机构与职能调整。该方案要求新组建的自然资源部整合原国土资源部国土规划和土地利用规划、国家发展改革委主体功能区规划及住建部城乡规划的管理职责，负责建立国土空间规划体系并监督实施[12]。2018年11月，《中共中央 国务院关于统一规划体系更好发挥国家发展规划战略导向作用的意见》（中发〔2018〕44号）发布，要求“建立以国家发展规划为统领，以空间规划为基础，以专项规划、区域规划为支撑，由国家、省、市县各级规划共同组成，定位准确、边界清晰、功能互补、统一衔接的国家规划体系”。2019年5月，《中共中央　国务院关于建立国土空间规划体系并监督实施的若干意见》印发，搭建了国土空间规划体系的“四梁八柱”。这两个文件的出台明确了国土空间规划在国家规划体系中的地位及国土空间规划体系的构成，标志着国土空间规划的发展跃上新台阶。2019年11月，中共中央办公厅、国务院办公厅印发《关于在国土空间规划中统筹划定落实三条控制线的指导意见》，要求到2020年年底，结合国土空间规划编制，完成三条控制线的划定和落地，形成一张底图，实现部门信息共享，实行严格管控；到2035年，严守三条控制线，引导形成科学、适度、有序的国土空间布局体系。

表4-1　新时代国土空间规划改革的重点内容

时间	资料来源	重点内容
2018年2月	《中共中央关于深化党和国家机构改革的决定》	组建自然资源部，统一行使“所有国土空间用途管制和生态保护修复职责”
2018年8月	《自然资源部职能配置、内设机构和人员编制规定》	确定自然资源部21项主要职责和下属机构，9月明确将住建部城乡规划管理职责划入自然资源部，同步推进省级机构改革，至11月全部完成
2018年11月	《中共中央　国务院关于统一规划体系更好发挥国家发展规划战略导向作用的意见》	以发展规划为统领，以空间规划为基础，以专项规划、区域规划为支撑，强化规划衔接协调，发挥规划管理信息平台作用
2018年12月	《〈中华人民共和国土地管理法〉、〈中华人民共和国城市房地产管理法〉修正案（草案）》	经依法批准的国土空间规划是各类开发建设活动的基本依据，已编制国土空间规划的，不再编制土地利用总体规划和城市总体规划

续表

时间	资料来源	重点内容
2019年3月	习近平参加十三届全国人大二次会议内蒙古代表团的审议内容	坚持底线思维，以国土空间规划为依据，把“三区三线”作为调整经济结构、规划产业发展、推进城镇化不可逾越的红线，立足本地资源禀赋特点，体现本地优势特色
2019年3月	《2019年新型城镇化建设重点任务》	全国推进城市国土空间规划编制，强化“三区三线”管控，推进“多规合一”，优化城市空间布局，促进城市精明增长
2019年5月	《中共中央　国务院关于建立国土空间规划体系并监督实施的若干意见》	总体规划是详细规划的依据、相关专项规划的基础，相关专项规划要相互协同，并与详细规划做好衔接；完善国土空间基础信息平台、技术标准体系与法规政策体系
2019年5月	《自然资源部关于全面开展国土空间规划工作的通知》	全面启动国土空间规划编制审批和实施管理工作
2019年7月	《自然资源部办公厅关于开展国土空间规划“一张图”建设和现状评估工作的通知》	明确依托国土空间基础信息平台，全面开展国土空间规划“一张图”建设和市县国土空间开发保护现状评估工作
2019年7月	中央全面深化改革委员会第九次会议	审议通过《关于在国土空间规划中统筹划定落实三条控制线的指导意见》，统筹划定落实生态保护红线、永久基本农田、城镇开发边界三条控制线
2019年11月	《关于在国土空间规划中统筹划定落实三条控制线的指导意见》	到2020年年底，结合国土空间规划编制，完成三条控制线的划定和落地，形成一张底图，实现部门信息共享，实行严格管控；到2035年，严守三条控制线，引导形成科学、适度、有序的国土空间布局体系

通过成立统一的空间规划主管部门，有效解决了部门分立带来的规划冲突，将割裂的空间规划体系整合为统一的国土空间规划体系[13]。针对目标层面的冲突，对现行土地利用总体规划、城市（镇）总体规划中的矛盾图斑做一致性处理，不突破土地利用总体规划确定的2020年建设用地和耕地保有量等约束性指标与相关管控红线；针对技术手段的冲突，统一规划期限、基础数据、空间坐标、信息平台。各层级的国土空间规划期限至2035年，展望至2050年，统一把第三次全国国土调查数据作为规划现状底数和底图基础，把2000国家大地坐标系和1985国家高程基准作为空间定位基础，并基于国土空间基础信息平台，整合各类空间关联数据，搭建从国家到市县级的国土空间规划“一张图”实施监督信息系统；针对制度手段的冲突，健全国土空间规划法规政策和技术标准体系[14]。研究制定国土空间开发保护法，加快国土空间规划相关法律法规建设，梳理与国土空间规划相关的现行法律法规和部门规章，并做好过渡时期的法律法规衔接。

4.2 我国空间治理体系现代化的新态势

在国土空间规划体系改革的引领下，我国空间治理逐步出现了一些新的态势，主体功能区的基础性地位趋于增强，覆盖全国国土的空间规划体系基本形成，以国土空间开发保护制度为核心的生态文明制度得以确立。

4.2.1 主体功能区的基础性地位趋于增强

主体功能区规划将扮演发展类规划和布局类规划“旋转门”的角色，主体功能区战略将成为指引我国国土空间有序发展的长期性和稳定性的重大战略，主体功能区制度将在生态文明建设中发挥基础性制度的作用。

1. 主体功能区规划“一张图”成为发展类规划和布局类规划的重要基础

主体功能区规划图有望成为习近平总书记要求“干到底”的“一张蓝图”，成为发展类规划和布局类规划的一个“旋转门”。只有依托这张图构建目标导向与问题导向相结合的战略体系和制度安排，才能站位高、瞄得准、管长远、统全局。在发展类规划中，主体功能区规划不仅可以对发展战略和目标体系进行空间落实和总体部署，而且其所表达的城镇化、农业发展、生态安全和自然岸线四大战略格局也成为国家发展类规划的重点内容，如第一个百年目标中“基本形成主体功能区布局”就是发展类规划目标之一。在布局类规划中，由于主体功能区对每个县区在我国现代化进程中的主要功能定位进行了科学设置，不仅在横向上可以统筹城镇化、区域协调发展、生态环境改善、蓝色经济空间的布局，可以作为国土空间开发布局规划的总图和空间管制政策的依据，而且通过空间规划体系的下层位落实，以及对空间开发强度、不同地域空间比例关系等的管制，可以实现国土空间有序开发保护的顶层设计功能。

2. 主体功能区在空间治理中发挥战略与基础作用

一是主体功能区战略的统筹地位得以确立。长期以来，我国以东、中、西、东北四大板块作为指导区域发展的总体战略。“十三五”规划将“主体功能区布局基本形成”作为目标导向，引领区域总体战略和京津冀协同发展等。主体功能区具有较强的前瞻性、精准的顶层设计，针对性和指导性突出，将替代四大板块战略，形成长期统领、稳定实施的国土空间开发保护总体战略，通过主体功能区对第二个百年奋斗目标的国土空间“一张图”进行表达。

二是在体制机制改革中主体功能区基础制度的作用得以发挥。在目前实施的主体功能区规划中，真正具有“含金量”的配套政策就是对国家级生态重点功能区的财政专项补贴，这成为一些地方政府要求纳入生态功能区的主要动力。随着对农业主产区财政专项补贴政策的实施，以及针对不同功能区的预警管制等配套政策的出台，以往配套改革相对滞后、地方政府顾此失彼的问题就会浮出水面。未来，主体功能区制度在系统改革中的基础作用将更加凸显，包括从提升党的执政能力入手，参考主体功能定位，制定区域差异化的干部绩效考核指标体系；以法治建设为保障，依据功能区建立资源环境承载能力监测预警制度；贯彻落实推进形成主体功能区的政策措施，把有利于不同功能区的人民共享改革开放成果作为发挥政府资源配置的核心指向，把有利于增加不同功能区的经济效益作为充分发挥市场调节机制的重点取向。

4.2.2 覆盖全国国土的空间规划体系基本形成

通过以全国、省、市县为我国基本空间规划单元，以跨省级行政区、跨地市、跨市县域的区域规划为补充的空间规划体系的基本形成，国家和地方不同空间尺度的国土资源得以合理配置，空间结构得以合理组织，区域政策得以合理实施。

1. 空间规划与管理部门率先实现整合，告别了“九龙治水”的格局

2018年，国家组建自然资源部，整合来自国土资源部、国家发展改革委、住建部、水利部、农业部、国家林业局、国家海洋局、国家测绘地理信息局共8个部级单位的职责，管理对象包括土地、矿产、湖泊、河流、湿地、森林、草原、海洋等范围，将负责全国960多万km^2的陆地和300多万km^2的海洋上的所有自然资源的空间规划和数量监管。其中，根据“三定”方案，自然资源部下设的国土空间规划局的职责包括拟定国土空间规划相关政策，承担建立空间规划体系工作并监督实施；组织编制全国国土空间规划和相关专项规划并监督实施；承担报国务院审批的地方国土空间规划的审核、报批工作，指导和审核涉及国土空间开发利用的国家重大专项规划；开展国土空间开发适宜性评价，建立国土空间规划实施监测、评估和预警体系。国土空间规划局的成立实现了国土规划、土地利用总体规划、城乡规划等在组织、管理、监督、实施层面的统筹协调，避免了规划管理体系破碎带来的弊端。此外，自然资源的统一管理也利于将自然资源的开发利用与保护进行统筹，按照现代化管理的要求提升自然资源管理、治理体系的效率。

2. 初步构建起国土空间规划体系

根据《中共中央　国务院关于建立国土空间规划体系并监督实施的若干意见》，到2020年要基本建立国土空间规划体系。按照我国国土面积和区域单元特征，我国空间规划按纵向层次和类型相结合的方式可以形成“4 层次+X 类”架构（图4-1）。其中“4 层次”是持续固定编制的内容系统综合的按行政层级划分的空间规划，包括全国空间综合规划、省域空间规划、市县域空间规划和城镇村规划。其中，从长远来看，全国层面应统一为一个综合规划，不管是通过主体功能区规划扩容实现取代其他规划，还是通过国土规划纳入主体功能区作为总体布局的方

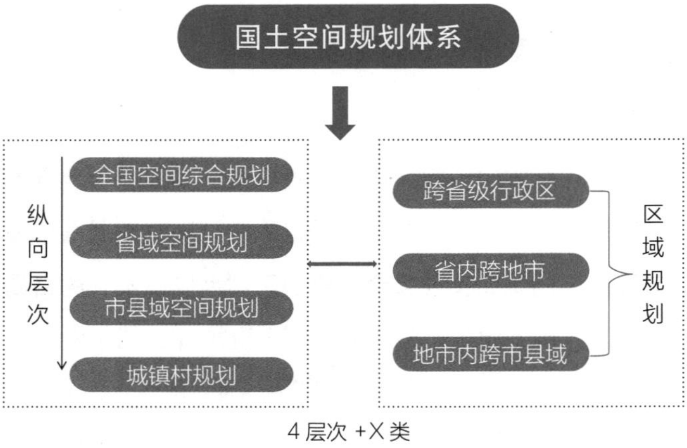

图4-1　国土空间规划体系架构

式，都有待进一步论证。然而，全国层面上的城镇体系规划、土地利用规划没有必要独立存在，其核心内容和主要价值完全可以纳入全国综合规划中。该规划应明确国土开发战略与开发原则，确定主要类型区域的功能定位，建构全国地域空间开发利用的总体架构，提出规划期内具有全局意义的空间整治和开发的重大工程布局方案。此外，地市域规划和市县域规划没有必要同时存在，倾向在省域规划中明确地市域开发建设的空间指引，然后直接编制市县域规划。“X 类”是跨行政单元、相对灵活、目标导向比较具体的空间规划，包括跨省级行政区、省内跨地市、地市内跨市县域的区域规划。

4.3 健全我国空间治理体系面临的挑战

尽管我国国土空间规划体系表现出积极向好的发展态势，但在健全治理体系和治理能力现代化的道路上，依然面临着一些挑战。

4.3.1 主体功能区

1. 主体功能定位还需进一步调整

随着国家生态文明体制改革的深入实施，原有的功能定位与实际发生了根本性变化。例如，在当前主体功能区规划中，吉林省通化县和桦甸市被划为农产品主产区，珲春市被划为城市化地区，然而通化县全县划定的生态保护红线占县域面积的60%以上，桦甸市市域内的3个国家级自然保护区占市域面积的70%以上，珲春市市域面积80%以上处于东北虎豹国家公园试点范围，以上这些实际情况迫切需要在主体功能区规划中做出适当调整。因此，需要针对原规划中各功能区的划分和功能定位面临的新问题，结合新形势和新要求，调整完善功能区的划分和各功能区的功能定位。

2. 主体功能区规划还未细化落实到市县层面

主体功能区规划目前只编制国家、省两级，市县层面还没有编制，这在一定程度上影响了上位决策部署的细化落地。国家和省级主体功能区规划的战略目标、开发原则等较为宏观笼统，难以充分兼顾市县的实际情况，造成一些地方选择性执行上位规定。另外，虽然省市已经开始空间规划的编制，但推进"多规合一"的工作进展依然缓慢，部分省区各类空间性规划仍存在较为严重的不协调的情况。在县级层面，不同县域之间的经济社会发展基础及水土资源、生态环境、自然气候等本底情况千差万别，即使是同一县域内也存在着利于城镇化建设、适宜农业生产、需要生态保护的不同区域和空间。由于空间尺度较大，导致主体功能区在空间用途管控上不能精准落地。

3. 配套政策还需进一步完善

目前，在主体功能区"9+1"的区域配套政策体系中，除财政转移支付等部分政策落实较好外，国家层面在农业、土地、人口等方面的政策制定仍相对滞后。相对于重点生态功能区，农产品主产区的政策供给不足，资金投入较少。地方层面缺少自主制定政策的动力和机制。同时，由于部门间的衔接和配合不够紧密，缺乏协同工作机制，相关政策措施在制定和实施的过程中不能有效衔接，没有形成合力。由于配套政策不完善，主体功能区规划的约束和激励措施不足，实施效果受到较大影响。

4. 国家层面对主体功能区没有专门立法

目前，国家层面对主体功能区没有专门立法，各地区在推进地方立法方面也面临较大困难，致使主体功能区建设缺乏法律支撑。尽管国家有转移支付等制度，各省也探索实施差异化考核制度，但主体功能区建设仍缺乏操作性强的监督检查、绩效评估、动态调整等推进举措，奖惩激励机制还未有效建立。

4.3.2 国土空间规划

1. 空间规划的基础数据问题

空间规划必须依据客观性、准确性程度极高的数据资源。然而，资源环境类数据缺失，或已有数据难以共享，或共享数据规格不统一等问题严重影响其在空间规划中的使用。目前，我国的资源环境监测、调查和普查等体系缺乏顶层整体设计，大量成果数据因空间匹配性和时间衔接性差而不能发挥应有的功效。资源环境监测体系建设存在观测站网体系不完善、空间布局不合理、数据采集不规范等问题。国情数据缺乏可比性，同一个部门的分类体系和标准也不统一，共享渠道不畅。

2. 空间规划的应用基础科学体系尚未形成

空间规划的应用基础科学发展滞后于我国空间规划的实际进程和客观需求，空间规划领域的理论方法创新尚未形成适宜中国发展特征的应用基础科学体系。当大规模开展空间规划试点时，支撑空间规划尤其是其理论创新的应用基础科学的发展严重滞后，成为空间规划科学化的主要障碍。诸如对人类活动与环境相互作用机制的研究尚不清晰——其中，资源环境承载能力的计算依据和预测依据，空间开发强度和“三生”空间比例关系的时空分异规律，开放系统下的空间可持续性、竞争能力和公平性的均衡理论与模式，多目标和多约束条件及多实施路径前提下的经济-社会-生态空间组织的效益优化理论与方法，空间管制的学理基础与政策体系等重大的科学命题尚未得到圆满解决。更为严重的是，空间规划需要自然科学、社会科学的融合及与技术的合作，需要研究、规划和决策、社会的交融与合作，但我国目前的科研体制和科学发展战略都还难以顺应这一新型科学理念的转型需求，其中我国按照社会科学和自然科学的二元论划分方式组织确定学科战略、组织科研项目、开展绩效评价的方式产生的负面影响越来越大。

3. 空间规划的人才培养体系尚未形成

空间规划体系虽初具雏形，但在专门人才培育方面仍非常薄弱。空间规划专业人才的知识架构应该具备地理学、城乡规划学、区域科学、土地科学等综合学科理论与方法，但目前在大学尚未设立以新型空间规划人才培养为目标的本科专业。

4. 空间规划流程尚不规范

目前，有城乡规划设计专门机构及交通规划等专业设计部门，但多数空间规划的研制依然没有摆脱政府编制规划、审批规划和执行规划的套路。编制、审批和执行应该在空间规划领域是相互独立的，只有由技术专业部门研制空间规划、人大等立法部门审议并批复空间规划、政府实施空间规划，才能够真正发挥空间规划的效益。

4.4 完善空间治理的总体思路和对策建议

从目标导向和问题导向两个维度对我国空间治理能力和治理体系现代化程度的分析表明，科学性、法治化、系统性、民主化将是未来全面深化体制机制改革的基本趋势。科学性突出在掌握空间演变规律的基础上，充分体现中国发展阶段和制度特色，采用合理的调控方式，促进我国现代化建设步入科学合理的轨道；法治化重点是把权力能够真真切切地关进制度的笼子里，为空间治理能力现代化保驾护航；系统性强调对空间治理过程实现“事前—事中—事后”的全流程管理，在时间上是连续的，且具有鲜明的目标指向，而在空间上是有差异的，且整体利益趋于最大化；民主化强调以人的全面发展为核心的基本理念，满足广大人民群众的合理需求是空间治理现代化的最高形态，在形式上鼓励社会参与、民主决策的过程。因此，应瞄准“立法为本、规划先行”的战略指向，顺应以上 4个方面的基本趋势，从健全主体功能区基础制度、完善覆盖全国国土空间规划体系等方面提出完善我国空间治理的总体思路和对策建议。

4.4.1 发挥主体功能区的“旋转门”作用

主体功能区应当在新时期履行好发展规划和空间规划之间“旋转门”的职能和作用，实现发展规划和发展战略对空间规划有效的上位指引[15]，应贯彻落实习近平总书记提出的主体功能区是大战略的重要指示，坚定不移地坚持主体功能区战略和制度，通过健全空间规划体系和完善主体功能区配套政策推动主体功能区战略和制度精准落地。

1. 坚持主体功能区战略的基础地位，构建发展规划与空间规划之间的“旋转门”

《中共中央 国务院关于统一规划体系更好发挥国家发展规划战略导向作用的意见》明确指出，国家发展规划居于规划体系最上位，是其他各级各类规划的总遵循，国家级空间规划要细化落实发展规划提出的国土空间开发保护要求，但规划体系仍在完善过程中，新时期的发展规划需要对国土空间有战略谋划和管控，空间规划与发展规划需要建立良好的衔接机制。“十一五”以来，实施主体功能区战略、形成主体功能区布局一直是发展规划中优化国土空间格局的战略重点，“十四五”期间主体功能区依然可以作为贯彻国家总体发展战略的空间总体部署。与此同时，在空间规划编制时，主体功能区可作为发展规划的上位规划要求，实现对空间规划的指引和约束，从而在发展规划—空间规划之间发挥“旋转门”作用，最终形成对美丽国土的有序规划管控体系（图4-2）。

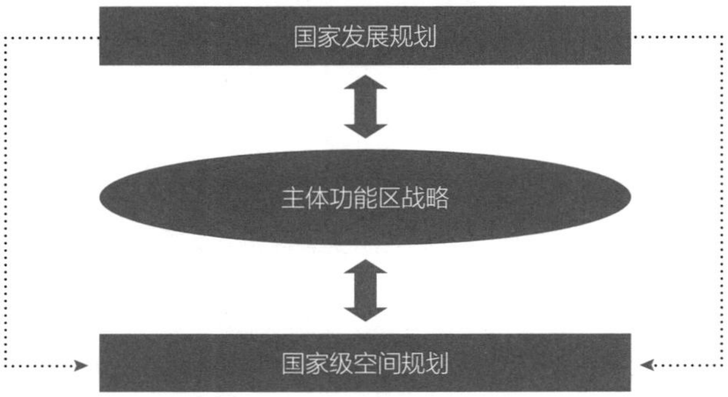

图4-2 通过主体功能区“旋转门”实现发展规划上位指引[16]

为进一步提高“旋转门”的基础性和精准性，可以完善主体功能区的表达，建立统一管控单元，衔接陆海功能，融合远期与近期的两级分区。其中，一级区为功能区，国土空间全覆盖，瞄准长远发展目标，区域类型比较稳定；一级区下设的二级区为政策区，空间不全覆盖，区域类型可根据政策需要适时调整。考虑到我国长期以来偏重区域扶持政策、近年来开始关注区域限制类政策的实际情况，“十四五”时期可以拓展区域激励类政策，在对弱势区域扶持的同时，增加对强势区域的关注，助推其提高全球竞争力和产业创新能力，加快产业结构转型升级，从而形成激励、限制和扶持3类政策类型区。通过二级政策区来细化一级功能区，提高区域政策的针对性，进而实现发展规划更加精准的战略指引。

2. 健全主体功能区制度、完善空间规划体系，通过主体功能区战略精准落地实现“旋转门”的有效传导

加快建立落实主体功能区战略的国土空间规划体系。主体功能区作为基础制度应在空间规划中予以体现，主体功能区确定的功能定位应成为空间规划确定“三区三线”比例关系、开发强度上限的重要依据；以主体功能区为基础，统筹各类空间性规划，编制纵向衔接、横向协调的空间规划，从而形成“多规合一”的中国空间规划体系（图4-3）。在空间规划编制过程中，坚决避免单独划定某区某线，而必须以主体功能定位为基础，以资源环境承载能力评价和国土空间开发适宜性评价为指引，统筹划定生态空间、农业空间、城镇空间和生态保护红线、永久基本农田、城镇开发边界，实现“三区三线”的综合管控。

发挥国家发展改革委在履行宏观调控和综合政策制定中的核心职能，继续加快完善推进主体功能区建设的配套政策，分类调控、突出重点，充分发挥政策导向作用，引导资源要素按照主体功能区优化配置，为主体功能区建设创造良好的政策环境。改变目前生态文明指标、美丽中国指标等各种考核指标“满天飞”的现状，切实发挥规划的“指挥棒”作用，把发展规划指标、主体功能区规划指标等完成情况作为考核的基本指引。继续引领有关部门完善领导干部的绩效考核政策及人口政策、转移支付政策等规范市场主体空间开发行为的主体功能区其他配套政策；设计基础性制度+其他制度的总体框架，完善“9+1”政策体系，突出重点、举纲结

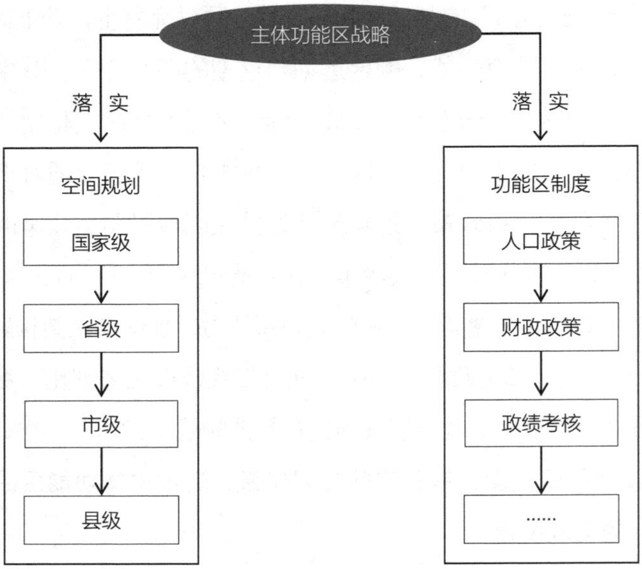

图4-3　依托空间规划体系和功能区制度建设实现主体功能区精准落地[17]

网、相互支撑、整体推进，有效支撑主体功能区建设。

3. 加强资源环境承载能力监测预警，通过动态监测和引导来强化主体功能区的“旋转门”功能

继续发挥国家发展改革委在完善资源环境承载能力监测预警长效机制方面的主导作用，切实让资源环境承载能力动态变化的监测预警成为检测主体功能区战略和制度实施成效的重要标准，同时成为主体功能区划方案调整的重要依据。建立资源环境承载能力监测预警机制是全面深化改革的一项创新性工作，我国正处在转变以资源环境为代价换取增长方式的发展时期，强化约束性、限制性的“自上而下”治理能力和治理体系建设具有紧迫的现实需求，资源环境承载能力监测预警无疑是一个有效且合理的途径。未来，应统筹推进具有相似工作流程、数据基础的关联性改革，建立能够定期考核生态文明绩效、评估资源环境承载状况、统计自然资源资产负债水平的基础分析平台、技术方法和综合数据库体系。

考虑到开展资源环境承载能力监测预警的重要性、紧迫性及其对科学支撑准确性的要求，应着力探索建立主体功能区动态监测和第三方评估机制。资源环境承载能力监测预警必须建立在对复杂自然基础条件变化过程和影响因素的科学认知与掌握的基础上。为此，选择第三方权威机构，一方面，可以综合多学科优势力量，建立专家人才库，组织开展技术交流培训，提升资源环境承载能力监测预警人才队伍专业化水平；另一方面，可以客观、公正地对实施成效进行评定，通过对动态监测数据和评估结果的发布，引导各部门、各地区多方协作、相互配合、统筹推进主体功能区建设。

4.4.2 完善空间规划体系的主要方向

1. 整合各部门分散的空间信息数据，建设共享的信息管理平台，统一用地、用海、用岛分类标准，夯实规划的科学基础

一要整合分散于各部门的国土空间地理数据普查工作，建立规范有序、协调统一的基础数据普查与发布机制。二要以空间规划数据为基础，整合集成各有关部门的空间性基础信息数据，充分利用云计算、大数据等技术建设空间规划信息管理平台，建立信息共享机制，形成各部门和各地区互联互通、共享互用的统一规划数据库，为树立空间规划总遵循地位、统筹协调其他各类空间性规划提供技术支撑。

2. 以资源环境承载能力为基础、以国土空间开发适宜性为目标，提升空间规划的科学性与合理性

空间规划能否成为政府“干到底”的“一张蓝图”，关键取决于空间规划是否是一个科学的方案。按照“把每一寸土地都规划得清清楚楚再开始建设”的要求，必须科学评价资源环境承载能力，科学评判空间开发适宜性（图4-4）。未来，针对空间规划“三区三线”划定的目标要求，要重视资源环境承载能力和国土空间开发适宜性评价的基础性作用。①改变过去以评价工业化、城镇化承载能力和适宜性为目标的综合性评价方法，构建瞄准生态、农业、城镇不同功能类型的分项评价和集成评价方法，确定每个地域单元最适宜的用途；②根据自然环境特点，调整优化以往“双评价”技术规程中的部分指标和阈值；③采用网格单元进行精细化评价，全面掌握每一寸国土空间的本底特征。通过科学化、精细化的“双评价”，实现从资源环境承载能力到国土开发适宜性再到“三区三线”的技术通关，科学摸清区域国土资源条件家底，为优化国土空间开发格局奠定坚实基础。

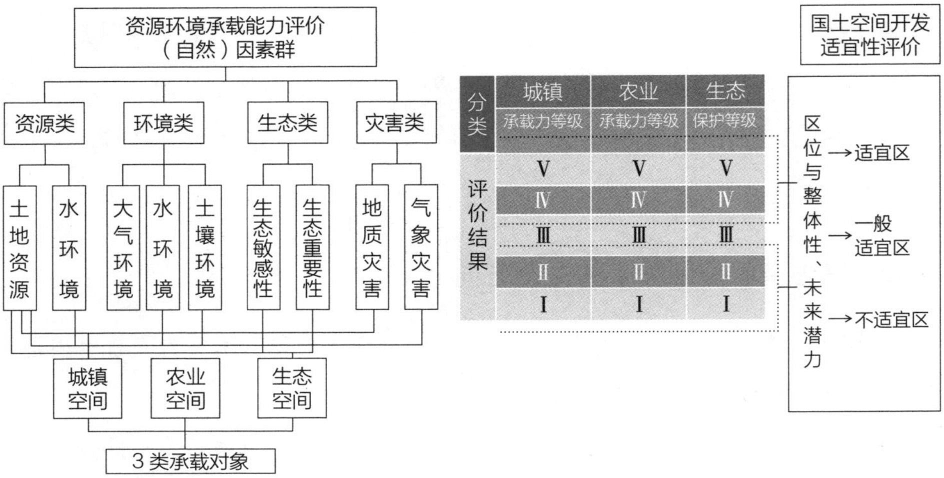

图4-4　创新资源环境承载能力和国土空间开发适宜性的评价方法与评价结果[18]

3. 以“三区三线”为空间底图构建空间布局总图、以空间布局总图指引专项分幅总图，树立空间规划的总遵循地位

习近平总书记在2013年中央城镇化工作会议上强调，要建立一个统一的空间规划体系，限定城市发展边界，划定城市生态红线，“一张蓝图”干到底。空间规划不应替代现有其他各类空间性规划，而应该统筹现有各类空间性规划，做到源于现有规划、高于现有规划，实现在高层次上的“多规合一”。在规划编制路径上采取“先布棋盘，后落棋子”，统一用地、用海、用岛标准及分类体系，依托“三区三线”方案，整合协调各部门空间管控手段，叠入各类空间性规划的核心内容、空间要素，形成空间布局总图，在此指导下编制生态环境、人口城镇、基础设施、公共服务和产业等专项分幅总图，通过专项分幅总图实现对各专项空间性规划的统领（图4-5）。通过空间布局总图和专项分幅总图指引下位和同级相关规划，树立空间规划的总遵循地位，进而构建纵向衔接、横向协调的空间规划体系。

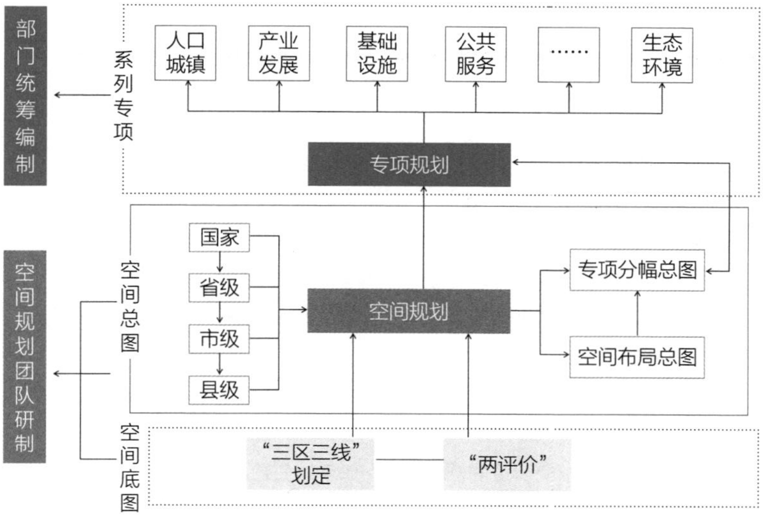

图4-5　空间规划编制的技术路线[19]

4. 以体制机制改革创新为引领、以法律法规的废改立释为抓手，保障空间规划落地实施

习近平总书记提出，要建立空间规划体系，推进规划体制改革，加快推进国土空间规划立法工作。空间规划是空间管理的深刻变革，涉及对现行体制机制的改变，也涉及法律法规的问题。规划编制与体制机制改革应该“双轮”驱动，突出解析现有主要空间性规划冲突背后的体制机制成因，聚焦实施空间规划的体制机制障碍，认准建立国土空间开发保护制度的改革方向，不求皆大欢喜，敢于啃硬骨头。一方面，将体制机制改革内容渗透于空间规划方案中。例如，从严划定城镇开发边界，并以此作为“自上而下”控制城市规模和无序扩张的刚性约束边界；同时，考虑到发展的不确定性，当在规划期内高质量用完城镇开发边界内的建设用地且具有合理的发展需求时，划定城镇空间作为地方政府可弹性选择用地的范围，并简化审批程序。另一方面，全面系统地研究空间规划落地实施的法律法规。通过对国家级、省级法规制度的梳理，找出影响空间规划的具体条目，选取法规制度中相对容易、关乎全局且具有紧迫性的条目，提出废改立释的建议。

参考文献

[1] 张晓玲，赵雲泰，贾克敬 . 我国国土空间规划的历程与思考［J］. 中国土地，2017（1）：15-18.

[2] 叶裕民，王晨跃 . 改革开放 40 年国土空间规划治理的回顾与展望［J］. 公共管理与政策评论，2019，8（6）：25-39.

[3] 樊杰 . 中国主体功能区划方案［J］. 地理学报，2015，70（2）：186-201.

[4] 林坚，赵晔 . 国家治理、国土空间规划与“央地”协同——兼论国土空间规划体系演变中的央地关系发展及趋向［J］. 城市规划，2019，43（9）：20-23.

[5] 黄征学，黄凌翔 . 国土空间规划演进的逻辑［J］. 公共管理与政策评论，2019，8（6）：40-49.

[6] 张京祥，林怀策，陈浩 . 中国空间规划体系 40 年的变迁与改革［J］. 经济地理，2018，38（7）：1-6.

[7] 王开泳，陈田 . 新时代的国土空间规划体系重建与制度环境改革［J］. 地理研究，2019，38（10）：2541-2551.

[8] 庄少勤 . 新时代的空间规划逻辑［J］. 中国土地，2019（1）：4-8.

[9] 董祚继 . 新时代国土空间规划的十大关系［J］. 资源科学 .2019，41（9）：1589-1599.

[10] 魏旭红，开欣，王颖，等 . 基于“双评价”的市县级国土空间“三区三线”技术方法探讨［J］. 城市规划 .2019，43（7）：10-20.

[11] 于少康，李统华 . 国土空间规划体系的重构［J］. 中国土地，2018（10）：18-20.

[12] 杨荫凯 . 国家空间规划体系的背景和框架［J］. 改革，2014（8）：125-130.

[13] 郝庆 . 对机构改革背景下空间规划体系构建的思考［J］. 地理研究，2018，37（10）：1938-1946.

[14] 严金明，迪力沙提·亚库甫，张东昇 . 国土空间规划法的立法逻辑与立法框架［J］. 资源科学，2019，41（9）：1600-1609.

[15] 樊杰 . 我国空间治理体系现代化在“十九大”后的新态势［J］. 中国科学院院刊，2017，32（4）：396-404.

[16] 樊杰 . 地域功能-结构的空间组织途径——对国土空间规划实施主体功能区战略的讨论［J］. 地理研究，2019，38（10）：2373-2387

[17] 樊杰 . 王亚飞，梁博 . 中国区域发展格局演变过程与调控［J］. 地理学报，2019，74（12）

[18] 樊杰 . 资源环境承载能力和国土空间开发适宜性评价方法指南［M］. 北京：科学出版社，2019.

[19] 郭锐，陈东，樊杰 . 国土空间规划体系与不同层级规划间的衔接［J］. 地理研究，2019，38（10）：2518-2526.

第5章

全面推行河长制的进展与评估

XINSHIDAI
SHENGTAI WENMING
CONGSHU

水是生态系统的控制性要素，江河、湖泊是水资源的重要载体和生态空间的重要组成部分，也是生态系统和国土空间的重要组成部分。保护江河、湖泊，落实绿色发展理念，是生态文明建设的重要内容。党中央、国务院决定在全国全面推行河长制，这是推进生态文明建设和涉水生态环境保护的一项重大制度安排，体现了习近平总书记提出的山水林田湖草沙系统治理的重要思想，体现了党中央、国务院确定的以提高环境质量为核心的目标导向，体现了落实生态环境保护“党政同责”“一岗双责”的责任担当，是有效解决我国复杂水问题、维护河湖健康生命、推进水治理体系和治理能力现代化的重大举措。

5.1 河长制的历史沿革

从河长制演变的角度来看，其历史沿革大致可以划分为3个阶段（图5-1）。

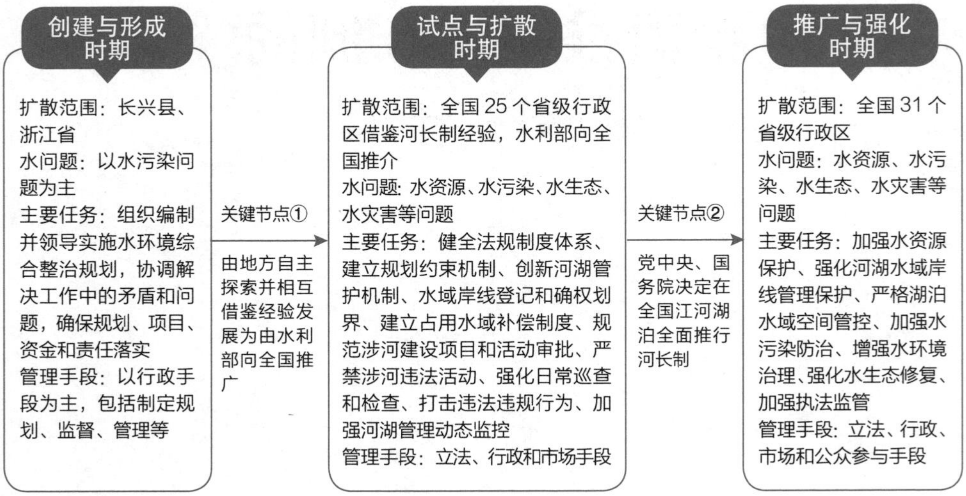

图5-1　河长制历史沿革

5.1.1　创建与形成时期

河长制起源于浙江省长兴县。该县紧邻太湖，县内河湖交织。2003年以前，全县民营企业遍地开花，几万台喷水织机污染了河道湖泊，村民在河道两岸养猪养鸭，历史上的江南鱼米之乡深受黑水臭气困扰。村镇之间河湖治理的时间不同步、标准不统一、责任主体不明确，很多部门能管却没人管。2003年6月，浙江省启动千村示范、万村整治工程，长兴县出台文件建立河长制，公布了河长名单及河长工作职责要求。

这一时期，河长制的提出有效缓解了水管理中层级、地区和部门的协调问题。河长制以党政主要领导责任制为核心，其产生并不是偶然的。在此之前，我国已对防汛、抗旱、水库大坝安全、饮用水安全等涉水工作实行了行政领导负责制。河长制的提出既是地方对水问题复杂化的应对之策，也是弥补水管理体制性障碍的一种机制性措施。

5.1.2 试点与扩散时期

通过对长兴县经验的效仿和借鉴，河长制逐步延伸至浙江全省及全国大部分地区。2014年，水利部印发《关于加强河湖管理工作的指导意见》（水建管〔2014〕76号），鼓励各地推行河长制，并于同年开展河湖管护体制机制创新试点工作。截至2016年年底，全国共有25个省级行政区开展了河长制探索，其中，北京、天津、江苏、浙江、福建、江西、安徽、海南8个省（市）专门出台文件，在辖区范围内推行河长制，其余省级行政区在市、县流域水系等层面开展了试点[1]。

这一时期，河长制的试点范围由浙江省长兴县扩展至全国多个省级行政区，其重点任务由以水污染防治为主逐步拓展至防洪、水生态修复、供水安全等其他方面，由地方间通过借鉴经验开展自主探索发展至由国家水行政主管部门将相关经验向全国推介并统一开展试点，这些均为下一步河长制在全国的推行奠定了基础。

5.1.3 推广与强化时期

2016年12月，中共中央办公厅、国务院办公厅印发《关于全面推行河长制的意见》（厅字〔2016〕42号），提出“建立健全以党政领导负责制为核心的责任体系，各省（自治区、直辖市）设立总河长，由党委或政府主要负责同志担任”。至此，河长制正式上升至国家层面。2017年，修订后的《中华人民共和国水污染防治法》（以下简称《水污染防治法》）明确规定，省、市、县、乡建立河长制，分级分段组织领导本行政区域内江河、湖泊的水资源保护、水域岸线管理、水污染防治、水环境治理等工作。2017年12月，中共中央办公厅、国务院办公厅印发《关于在湖泊实施湖长制的指导意见》（厅字〔2017〕51号），将湖泊水域空间管控纳入河长制任务范畴。各地在推行河长制的过程中暴露出部分改革任务进度偏慢、效果不如预期的问题。

这一时期，河长制正式上升至国家层面，有关规范性文件相继出台，任务范畴更为广泛。在生态文明体制改革的背景下，水管理体制改革将更突出系统性并整合到自然资源和生态环境管理体制机制中，以推进水治理体系和治理能力现代化。在此过程中，河长制成为推进水管理体制改革的一项重要抓手。

总体来看，河长制历史沿革的动因是我国水问题种类的增多和复杂化，而水管理体制存在的缺陷导致其应对水问题的效率存在不足。为提高水管理效率，河长制在协调、责任、执法、监测、督导、考评等方面进行了一系列机制性创新，这是其区别于我国传统社会水管理责任制的本质特征。这个过程是“自下而上”发起再逐渐被基层政府认可并主动“自上而下”推动的，是一个上下互动的动态过程。

5.2 全面推行河长制的主要内容及成绩

5.2.1 主要内容

河长制是一种中国式的提法，国际上并无此称呼，在水资源综合协调机制方面，类似的国际经验主要是流域综合管理，河长制是基于我国本土政治环境的创新。河长制推行的动因是我国水问题种类的增多和复杂化，而水管理体制存在的缺陷导致其应对水问题的效率存在不足。河长制的主要作用为提高水管理效率，从协调、责任、执法、监测、督导、考评等方面进行了一系列机制性创新，其中居于核心、构成河长制本质的是“健全党政领导负责制”和“强化考核问责机制”，系统性的机制创新是河长制区别于我国传统社会水管理责任制的本质特征，目前河长制已成为现阶段我国进行河湖管护的综合性平台。当前，全面推行河长制主要有七个方面的内容。

1. 加强水资源保护

落实最严格的水资源管理制度，严守水资源开发利用控制、用水效率控制、水功能区限制纳污3条红线，强化地方各级政府责任，严格考核评估和监督。实行水资源消耗总量和强度“双控”行动，防止不合理新增取水，切实做到以水定需、量水而行、因水制宜。坚持节水优先，全面提高用水效率，水资源短缺地区、生态脆弱地区要严格限制发展高耗水项目，加快实施农业、工业和城乡节水技术改造，坚决遏制用水浪费。严格水功能区管理监督，根据水功能区划确定的河流水域纳污容量和限制排污总量，落实污染物达标排放要求，切实监管入河湖排污口，严格控制入河湖排污总量。

2. 加强河湖水域岸线管理保护

严格水域岸线等水生态空间管控，依法划定河湖管理范围。落实规划岸线分区管理要求，强化岸线保护和节约集约利用。严禁以各种名义侵占河道、围垦湖泊、非法采砂，对岸线乱占滥用、多占少用、占而不用等突出问题开展清理整治，恢复河湖水域岸线生态功能。

3. 加强水污染防治

落实《水污染防治行动计划》，明确河湖水污染防治目标和任务，统筹水上、岸上污染治理，完善入河湖排污管控机制和考核体系。排查入河湖污染源，加强综合防治，严格治理工矿企业污染、城镇生活污染、畜禽养殖污染、水产养殖污染、农业面源污染、船舶港口污染，改善水环境质量。优化入河湖排污口布局，实施入河湖排污口整治。推行清洁生产、循环经济和生态工业的发展，在源头减少工业污染。

4. 加强水环境治理

强化水环境质量目标管理，按照水功能区确定各类水体的水质保护目标。切实保障饮用水水源安全，开展饮用水水源规范化建设，依法清理饮用水水源保护区内的违法建筑和排污口。加强河湖水环境综合整治，推进水环境治理网格化和信息化建设，建立健全水环境风险评估排查、预警预报与响应机制。结合城市总体规划，因地制宜建设亲水生态岸线，加大黑臭水体治理力度，实现河湖环境整洁优美、水清岸绿。以生活污水处理、生活垃圾处理为重点，综合整治农村水环境，推进美丽乡村建设。

5. 加强水生态修复

推进河湖生态修复和保护，禁止侵占自然河湖、湿地等水源涵养空间。在规划的基础上稳步实施退田还湖还湿、退渔还湖，恢复河湖水系的自然连通，加强水生生物资源养护，提高水生生物多样性。开展河湖健康评估。强化山水林田湖系统治理，加大江河源头区、水源涵养区、生态敏感区保护力度，对三江源区、南水北调水源区等重要生态保护区实行更严格的保护。积极推进建立生态保护补偿机制，加强水土流失预防监督和综合整治，建设生态清洁型小流域，维护河湖生态环境。

6. 加强执法监管

建立健全法规制度，加大河湖管理保护监管力度，建立健全部门联合执法机制，完善行政执法与刑事司法的衔接机制。建立河湖日常监管巡查制度，实行河湖动态监管。落实河湖管理保护执法监管责任主体、人员、设备和经费。严厉打击涉河湖违法行为，坚决清理整治非法排污、设障、捕捞、养殖、采砂、采矿、围垦、侵占水域岸线等活动。

7. 严格水域空间管控

各地区各有关部门要依法划定湖泊管理范围，严格控制开发利用行为，将湖泊及其生态缓冲带划为优先保护区，依法落实相关管控措施。严禁以任何形式围垦湖泊、违法占用湖泊水域。严格控制跨湖、穿湖、临湖建筑物和设施建设，确需建设的重大项目和民生工程，要优化工程建设方案，采取科学合理的恢复和补救措施，最大限度地减少对湖泊的不利影响。严格管控湖区围网养殖、采砂等活动。流域、区域涉及湖泊开发利用的相关规划应依法开展规划环评，湖泊管理范围内的建设项目和活动，必须符合相关规划并科学论证，严格执行工程建设方案审查、环境影响评价等制度。

5.2.2 主要成绩

目前，河长制的组织体系、制度体系、责任体系已初步形成，已经实现了河长“有名”。现阶段取得的主要成绩有4个方面[2, 3]。

1. 组织体系初步建立，“百万河长”上榜

按照习近平总书记“每条河流要有河长了”的重要指示，截至2018年6月底，全国31个省、区、市所有江河的河长都已明确到位，一共明确了省、市、县、乡四级河长30多万名，其中省级领导担任河长的有402人。在这402人中，有59位是省级行政区的党政主要负责同志。这31个省级行政区里还有29个省级行政区把河长体系延伸到了村一级，设立了村级河长76万名。两方面的数字加在一起叫作“百万河长”，这也打通了河长制的“最后一公里”。31个省级行政区均在省、市、县成立了河长制办公室，承担河长制的日常工作。

2. 配套制度大量出台，规矩机制上线

各地都按照《关于全面推行河长制的意见》精神和水利部的有关要求，建立了河长会议制度、信息共享制度、信息报送制度、工作督察制度、考核问责与激励制度、验收制度，还结合本地实际出台了河长巡河、工作督办等配套制度，初步形成了党政负责、水利牵头、部门联动、社会参与的工作格局，保障了河长制的顺利实施。

3. 各级河长开始履职，党政领导上岗

各级河长通过巡河调研掌握了河湖的基本情况。截至2018年7月，各省级河长已经巡河巡湖926人次，市、县、乡级河长巡河巡湖210多万人次。有的河长针对河湖存在的突出问题组织开展了河湖整治。水利部及时部署了入河排污口、岸线保护、非法采砂、固体废物排查、垃圾清除等一系列专项整治行动。目前，一些地方已经取得了初步成效，河湖面貌发生了明显的改善。

4. 社会共治正在形成，群众好评不断上升

各地在健全河长体系的同时，广泛发动社会公众参与河湖治理和保护，涌现出一大批“乡贤河长”“党员河长”，记者也参与进来，叫作“记者河长”。还有“河小青”“河小禹”等巡河护河志愿服务队。通过实施河长制，我国的江河湖泊实现了从“没人管”到“有人管”，有的河湖还实现了从“管不住”到“管得好”的重大转变，推动解决了一批河湖管理保护难题，使河湖的状况逐步得到好转。例如，江苏省实施退圩还湖，已退出被占用的东太湖等湖泊水域近200 km^2；浙江省通过实施“剿灭劣V类水”行动，河湖基本清除“黑、臭、脏”现象；消失多年的鱼虾又重现河流，消失已久的鹭鸟也飞回湖畔，人民群众的获得感、幸福感不断提升，这一行动得到了社会各界的广泛赞誉。

5.3 全面推行河长制的典型案例

5.3.1 推行过程

福建省是国内较早推行河长制的省份之一。早在2009年福建省大田县就率先探索河长制，让河长“包河治水”。党的十八大召开后，为了呼应生态文明建设的新要求，大田县进一步成立了以县长为组长的河长制管理工作领导小组，下设河长办，将河长制延伸至全县所有大小河流，由县长任全县“总河长”，由分管水利和环保工作的副县长分别担任均溪河、文江河“流域总河长”；各乡（镇）也全部成立了河长办，由各乡（镇）长担任所在乡（镇）管辖区总河长，由各乡（镇）挂村领导担任所挂包村河段长，全县168条干支流共设立了168名河长、河段长，按照属地管理原则实行分段管理、分段监控、分段考核、分段问责，实现了河长全覆盖。经过168名河长多年来的共同努力，曾经困扰着大田县大大小小194条河流的乱占乱建、乱排乱倒、乱采砂、乱截流等情况逐渐得到好转，全县河流彻底变了模样。

2014年年初，福建省提出在全省全面实施河长制的构想，随后陆续出台了《福建省人民政府关于进一步加强重要流域保护管理切实保障水安全的若干意见》《福建省河长制实施方案》等一系列重要政策文件，要求在全省全面推行河长治河模式，在省、市、县、乡四级设置由政府领导担任的河长、河段长，并确定其为河流保护管理的第一责任人。从此，福建省的水资源管理从过去的“九龙治水”迈向“包河治水”的新阶段，行政资源的调配更为顺畅，治水的保障力度空前提升。

2015年，福建省出台了《福建省水污染防治行动计划工作方案》，成为全国第一个推出省级水污染防治行动计划的省份。短短两个月后，福建省再次推出了更细化的水污染防治行动计划。当年，闽江、九龙江、敖江流域年度计划重点项目共完成或基本完成146项，完成投资额约17.4亿元。

2016年，福建省又率先实施最严格的河长考核制度，将各地市流域突出问题的解决纳入环保目标责任书进行考核，推进党政同责，督企更督政，同时出台了《福建省地表水水质考核办法（试行）》，从2016年2月下旬起，福建省环保厅组织9个督察组会同属地环保部门对各小流域进行督察，了解并监测小流域水质状况，严肃惩处影响水质的各类环境问题责任人。

自福建省全面推行河长制以来，全省12条主要河流水质保持为优，Ⅰ～Ⅲ类水占95%以上，比全国平均水平高出26个百分点，其中Ⅰ类、Ⅱ类优质水占47.6%。

5.3.2 主要内容

福建省全面推行河长制的主要内容包括四大任务、五级体系和六项机制。其中，四大任务包括加强水资源保护、加强水污染防治、加强水环境治理、加强水生态修复；五级体系包括省、市、县、乡四级分别设立河长，村级设立河道专管员，省、市、县、乡四级设置河长制办公室（以下简称河长办）；六项机制包括集中统一的协调机制、全域治理的责任机制、科学严密的监测机制、齐抓共管的督导机制、协同联动的执法机制、奖惩分明的考评机制。

目前，健全环境治理体系是福建省生态文明试验区建设的六大重点任务之一，它可以进一步分解为完善流域治理机制等六大关键内容，而全面推行河长制是完善流域治理机制的重要组成部分。作为一项综合型协调机制，全面推行河长制涉及水利、发展改革、生态环境等20个部门，覆盖福建省生态文明试验区建设的大部分牵头单位；作为一项重要的资源环境政策，全面推行河长制与其他多项政策存在关联，事关福建省生态文明试验区建设全局[4, 5]（图5-2）。同时，全面推行河长制四大任务的实施又为福建省生态文明试验区建设奠定了基础并提供了支撑。

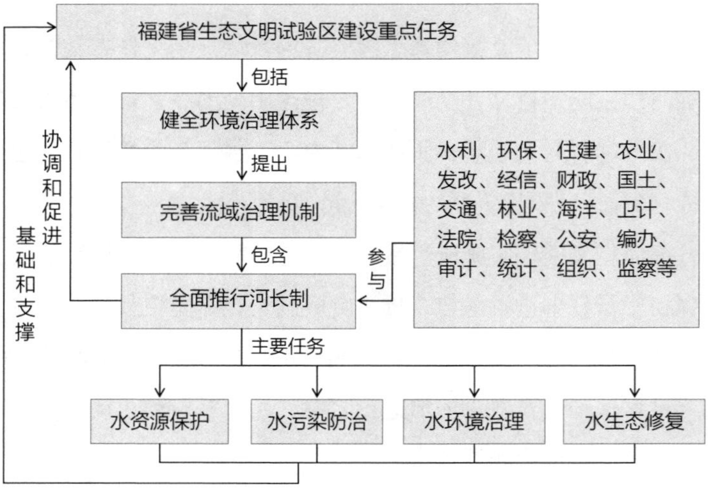

图5-2　河长制在福建省生态文明试验区建设中的地位和作用

5.3.3　主要创新

福建是全国率先推行河长制的省份之一，近年来按照中央全面推行河长制的战略部署，切实贯彻山水林田湖草沙生命共同体的系统思维，坚持赶前不赶后、早抓早发力，以问题为导向，以创新为动力，认真打好六大“组合拳”。目前其组织构架全面建立，基本制度全部出台，重点工作有序展开，机制创新有声有色，流域生态明显改善，河流水质持续向好，群众获得感显著提高，全力推进河长制取得显著成效[6]。

1. 创新集中统一的协调机制

一是坚持河长巡河查河。福建省出台了《福建省河长巡查工作制度》，省级河长率先巡河，市级河长一季一巡查，县级河长一月一巡查，乡级河长一周一巡查。全省4 973名河长通过巡河查河可以直观了解有关情况，及时发现、处置有关问题；同时，建立了河长会议制度，协调解决全局性、系统性问题。

二是合力运作河长办。省级河长办由12个部门组成，8个成员单位还选派人员到河长办挂职，两年一换，所有人员集中办公、混合使用、联合作战。市、县、乡参照省级做法建立相应运行机制。这种部门联席会商、联合办公的运作模式，实现了部门信息共享、资源共用、力量整合。

2. 创新全域治理的责任机制

一是加快突出问题整治。细化实化水资源保护、水污染防治、水环境治理、水生态修复目标任务，针对监测调查、群众反映、督察发现的突出问题，开展专项整治。2017年开展了清理河道违章、生猪养殖污染、城市黑臭水体3个专项行动。全省已清理河道违章建筑1 005处，共29.6万m^2；弃土弃渣625处，共38.8万m^3；洗砂制砂场371处，共38.0万m^2；餐饮娱乐等场所54处，共2.6万m^2；关闭拆除禁养区养殖场（户）11 515家，共240.82万头，可养区存栏250头以下养殖场（户）6 328家，共82.45万头，完成可养区存栏250头以上养殖场（户）标准化改造580家；清理城市黑臭水体86条，其中完工47条。

二是开展综合治水试验。依托河长制工作平台，以区域为单元统筹整合各部门涉水涉河项目、资金，系统推进河流水系保护开发管理等工作，充分发挥整体、规模效益。2017年，通过竞争立项，永春、漳平、沙县、荔城4个县（市、区）正在开展综合治水试点，项目总投资128.6亿元。

三是推进PPP模式治水。将治水治污项目打包捆绑，通过PPP模式吸引社会资本进行治理。2017年，福州市内河水系治理、南平市水美城市、漳州市台商投资区水环境综合治理、晋江市下游生态整治工程（一期）、龙岩市四个县（市、区）乡镇污水处理厂网一体化等20多个项目落地建设，总投资222亿元，既解决了资金缺口问题，又提升了建后运营管理水平。

四是配设河道专管员。按照“县聘用、乡管理、村监督”的原则，每个村（居）配设村级河道专管员，承担河道日常巡查、配合现场执法、协助调处水事纠纷、引导公众参与等职责。福建省河长制办公室制定了《福建省河道专管员队伍建设管理指导意见》，安排0.8亿元省级专项资金用于奖补。2017年，福建省共配置村（居）河道专管员13 231名、覆盖14 338个村（居），解决了河道保护管理“最后一公里”问题。

五是实施河道管养分离。健全河道管理养护体系，全面提高河道管理养护水平。2017年以来，厦门市聘请了31支379人的专业养护队伍，每年安排3 881万元经费，负责全市9条河流共465 km河道的保洁管护。南安市成立河流管养中心，配置人员21名，同时配备船只、无人机等，对辖区内流域面积50 km^2以上的12条河流进行立体化巡查管护。永春县针对城区、乡村河道特点，实行差别化管养分离，城区采取政府购买第三方服务的方式组建专业保洁队伍，建立24小时保洁机制；乡村推行“整体打包+购买服务”，由专业保洁公司承包岸上水上双线保洁，做到无盲区、全覆盖。

3. 创新协同联动的执法机制

一是注重立法保障。在2017年7月21日福建省人大常委会通过的《福建省水资源条例》中，明确要全面推行河长制，建立健全省、市、县、乡河长责任体系，通过立法把河长制从改革实践提升到法规层面。

二是衔接行政执法与刑事司法。福建省高级法院、检察院、水利厅等11个单位联合出台《关于加强生态环境资源保护行政执法与刑事司法工作无缝衔接意见》，探索生态环境资源保护行政执法与刑事司法无缝衔接机制。2017年，泉州市、县两级设立河道检察官工作室，聘任检察干警担任河道检察官，挂钩联系河长制工作，重点督办涉河涉水违法行为。同年，永泰县设立了生态环境审判庭、生态环境巡回审判点，办理各类生态环境案件。

三是开展综合执法。福建省集中水利及原国土、环保等部门生态环境行政处罚权，着力解决生态环境保护工作中部门职能重复、交叉和执法权责不一等问题。大田县成立生态综合执法局，并组建生态执法司法联动协调小组，有效提升执法权能和效率；2017年，龙岩市配置市、县、乡三级“河道警长”与河长全配套，协助开展河道整治593次、环境整治执法行动413次；永春县组建“生态警察”中队，查办了23起破坏河道违法案件，有效提升了河道执法能力和震慑力。

4. 创新科学严密的监测机制

一是优化水质监测站点。福建省组织省水利、环保、海洋渔业部门对现有水质监测点位进行分析研究，按照不重复建设、信息共享、加密界面的原则，优化水质监测站点，新增3个县级、731个乡镇级和136个水库点位，2018年可实现市、县、乡三级行政交接断面监测全覆盖，为加强水质监管、细化目标任务、分清上下游责任、严格考评考核奠定了基础。

二是动态掌握河流本底。福建省组织编制了“一河一档一策”，印发了编制指南，开展了培训，摸清了河流水质水环境、纳污能力、入河排污口分布、主要污染源等基本情况并动态更新，提高了河流治理管护的精准施策水平。

5. 创新齐抓共管的督导机制

一是强化工作督导检查。各级河长制办公室坚持一季一督察，牵头组织相关部门开展督导检查；采取“一市一单”，通过通报、挂牌督办、约谈、问责等方式跟踪开展重大涉河项目专项稽查。2017年以来，省河长办采取联合省效能办、配合水利部及太湖局、会同省环保厅、单独开展等方式，开展高频次督察。泉州市委托第三方，采取“不发通知、不打招呼、不听汇报、不用陪同接待，直奔基层、直插现场”的方式，每个月对6条市管河流固定检查，县管河流随机抽查，逐月通报。

二是广泛发动社会参与。省河长办分别与团省委、省教育厅、省妇联、省工商联联合开展大学生暑期“河小禹”、青少年学生“四个一”、“巾帼护河”、“企业家河长”行动。2017年，全省67所高校、110支实践队、1 346名志愿者深入全省84个县（市、区）开展“河小禹”系列活动。莆田市百威英博集团主动担任“企业家河长”，认养多处河段，协助开展河流整治；建宁县12名“企业家河长”在行使监督工作的同时，每位捐资10万元，作为河道专管员经费。龙岩市在“巾帼护河”行动中发放河长制宣传单3万余份，制止向河流乱丢乱倒垃圾弃土行为1 000多次。周宁、沙县等地聘请环保热心人士、老党员、老同志担任“民间河长”、“老人河长”和义务河道专管员；福清市开展了万人巡河清障活动。

三是自觉接受群众监督。福建省出台了《河长公示牌规范设置指导意见》，明确了省、市、县、乡四级河长公示牌的公开内容、设置点位和管护事项，要求在公示牌中公布河长姓名、职务、职责、整治目标、监督电话等，方便群众监督举报。同时，在省、市、县水利部门的门户网站上设置专栏、投诉举报信箱，公布微信公众号。

6. 创新奖惩分明的考评机制

一是实行年度考核。福建省出台了《河长制工作考核制度》，明确了考核对象、考核内容、考核方式、评分办法。注重考核结果运用，将河长制考核评价纳入九市一区效能考核和领导干部自然资源资产离任审计，列入生态保护长效机制，对考核结果优秀的地区实施正向激励，不合格的予以通报问责。

二是注重日常考评。省河长办建立了河长制工作通报制度等，强化了对各地河长制日常工作的督促检查。厦门市将全市9条主要溪流所在的区、镇两级河长全部纳入河长制考核对象；泉州市对各县（市、区）落实河长制及河流保护管理的情况进行“月考评、月评分、月通报”，考评结果与“以奖促治”挂钩；龙岩市实行末位约谈、红黄牌预警、责任追究等制度；福安市对乡镇河长制工作实行一月一考评制度，考评结果在新闻媒体公开通报，对考核综合排名末位的乡镇河长进行约谈。

5.4 河长制存在的主要问题

必须看到，河长制距离责任明确、协调有序、多元共治的目标要求仍有一定距离，未来需进一步在跨省协调、考核问责、任务统筹、公众参与等方面进行完善，以服务于我国水治理体系和治理能力现代化，支撑生态文明建设全局。

1. 跨省区域 / 流域层面河长制的实现方式尚不明确

从跨省区域层面来看，我国河长制多以省级行政区划为界，而绝大多数跨省级河湖河长制的实现方式，包括主要目标、基本任务、组织体系、工作机制等尚不清晰，难以对跨省级河湖的管护工作进行有效协调。

从七大流域层面来看，河长制与我国现行跨区域/流域管理机构，如水利部流域管理机构、生态环境部流域生态环境监督管理局、生态环境部区域督察局等之间的衔接和协调机制有待建立健全，河长制尚未完全融入我国现行流域管理体制。

2. 考核机制尚不健全

一是河长办的权威性不足。全国30个省级行政区的河长办设在水利部门，河长办对各级河长的考核往往转变为对其所在政府的考核，再由各级政府基于考核结果决定如何落实考核要求，从而弱化了考核的作用。二是河长制缺乏完整明确的责任体系，对河长、河长办及相关部门间的责任缺少清晰界定，可能出现相互推诿扯皮的现象，导致责任虚置或责任难以追究。三是河长制考核问责的基本依据中包括河湖水环境质量指标，但其在一定周期内非必然达到预期目标，如果一味强调严格依据有关指标进行考核问责，不仅可能造成资源的大量浪费，而且可能挫伤河长治河的积极性。四是河长制的考核主体较为单一，目前主要为“自上而下”的体制内考核，缺乏第三方参与，考核工作的中立性、公正性和权威性有待加强，否则不利于提升公众参与意愿和满意度。

3. 管护任务缺少统筹谋划

各级河长办通常以难易程度安排任务执行的先后次序，容易忽视不同任务间的有机联系，在年度改革周期行将结束时，“一河一策”编制、河湖水域岸线划定、优化监测站点等基础性任务的实施进度往往严重滞后，影响了河湖管护总体效果的发挥。

在全面推行河长制的背景下，各级呈现前所未有的治水工作力度，甚至出现“不惜代价治水”的倾向，追求“大干快上”“三年河湖换新颜”，年度管护任务可能安排过多，严重超出年度预算，其他领域的财政资金可能被挤占而用于河湖管护。

4. 公众参与范围与深度不足

虽然各地广泛发动青少年学生、企业家、妇女、老党员等参与河湖整治，但公众参与主要集中在末端环节，且多体现为水污染的治理和监督，而在公共决策、政策制定、河长会议、考核问责等方面参与较少且深度不足。

此外，公众参与缺少明确的程序性安排，相当程度上取决于河长办和有关部门的“自由裁量”[4]。

5.5 全面推行河长制的对策建议

新时期，我国河长制的完善方向应以维持河湖生命健康为导向，实施流域性管护，严格考核，统筹谋划，由单一行政管理向多主体协同治理转型，推进水治理体系和治理能力现代化，为我国生态文明建设提供有力支撑。

1. 探索跨省级河长制的实现方式，使河长制成为我国现行流域管理体制的有益补充

在国家层面，以国务院推动长江经济带发展领导小组为基础，组建国务院资源环境协调领导小组，负责全国七大流域管理的协调工作，由国务院主管领导负责，各有关部门和省级行政区总河长参加。该机构是一个高层协调机构，负责对跨部门、跨省级区域的流域性重大资源环境问题进行决策。

在流域层面，水利部流域管理机构、生态环境部流域生态环境监督管理局、生态环境部区域督察局等跨区域/流域管理机构应与各省级行政区河长办在信息共享、联合执法、工作督察、组织协调等方面加强合作。

在此基础上，使河长制更好地融入并服务于我国现行流域管理体制，形成中央—流域—省级三级互动、相互配合、良好衔接的流域管理格局。

2. 提升河长办层级，优化河长制考核机制

建议各地区提升河长办层级，将河长办设在各级政府办公厅（室），以增强其协调力度和考核权威性。

各地应根据河长制相关规定及有关部门“三定”方案，制定河长制框架下河长、河长办与有关部门的治水责任清单，健全河长制责任体系，为考核工作提供依据。

建立尽职免责机制。因重大自然灾害等非人为因素或不可抗力因素导致有关考核目标未完成的，由相关领域专家进行科学评估，经河长办核实后，对有关考核指标得分进行综合判定，对于确实尽职尽责的相关负责人免于追责。

适度扩大考核主体。在上级考核下级的基础上，可以引入具有公信力、客观、公正的第三方机构或相关领域专家开展河长制实施效果的第三方评估，增强评价考核的科学性、客观性、权威性；对于一些关乎群众获得感的指标，可以组织利益相关方听取河长工作汇报，现场无记名打分，使考核过程透明、考核结果客观。

3. 统筹谋划管护任务，改进配套资金机制

综合考虑各项任务间的逻辑关系和难易程度，科学制定河长制五年实施目标和任务清单，并使之与各地资源环境领域的五年规划相衔接，在此基础上确定分年度改革目标与行动方案，并将责任落实到人。在此过程中，应充分尊重自然规律和财政承受能力，既尽力而为又量力而行，确保相关工作如期、有序取得实效。“自上而下”与“自下而上”相结合做好资金配置工作，既发挥河长办的综合统筹作用，也尊重有关地区和部门的主观能动性，加强资金分配与任务清单的衔接匹配，确保资金投入与任务相统一。

4. 丰富利益相关方共建河长制的方式

各地在河长制的立法过程中，应允许利益相关方通过立法听证、征求意见、公民旁听、反映问题等方式参与其中；在制定河长制相关政策和规划的过程中，应充分征求各有关方的意见，并进行修改完善。河长会议召开期间，应邀请各利益相关方代表参加，鼓励其提出意见和建议；河长办应将河长履职尽责情况和考核结果及时公开，鼓励社会各界进行监督、质询。

各地应在河长制相关规定中明确需要公众参与的河长制工作环节，规范公众参与的基本程序，包括信息发布、信息反馈与汇总、信息交流、管理决策等。

参考文献

[1] 姜斌 . 对河长制管理制度问题的思考 [J] . 中国水利，2016 (21)：6-7.

[2] 鄂竟平 . 推动河长制从全面建立到全面见效 [N] . 人民日报，2018-07-17 (10) .

[3] 鄂竟平 . 全面推行河长制湖长制 [J] . 时事报告 (党委中心组学习)，2018 (4)：54-68.

[4] 张丛林，张爽，杨威杉，等 . 福建生态文明试验区全面推行河长制评估研究 [J] . 中国环境管理，2018，10 (3)：59-64.

[5] 张修玉，李远，石海佳，等 . 试论生态文明制度体系的构建 [J] . 中国环境管理，2015 (4):
38-42.
[6] 文吉，张智杰，薛有浩 . 福建六大组合拳全力推进河长制见成效 [J] . 中国水利，2018 (22):
24，36-37.

第6章

国家生态文明试验区建设进展及问题

XIN SHIDAI
SHENGTAI WENMING
CONGSHU

6.1 设立国家生态文明试验区的历史使命

6.1.1 作为重要治理手段的试点、试验

试点、试验是指在颁布正式的法律法规之前，先在部分地区对新政策或改革措施进行试验，开展具有探索与试验性质的改革创新，而后根据实践结果来判断是否做进一步推广实施，或者是否要吸收到中央制定的政策中。研究显示，我国对试点、试验的运用可以追溯到土地改革期间，并在改革开放后发扬光大。

通常情况下，试点、示范、试验有一定的相关性。试点是围绕特定政策领域，在正式出台新政策或新法规前，为测试和调整新政策和新法规而采用的一种特殊工作方法[1]，通常只是对某一项政策进行尝试，发起者不一定有可以推广的信心。相比较而言，示范更强调比较成熟、政府有更多把握的政策措施。如果试点成功了，其也可以作为示范[2]。而试验区，按照Naughton的界定，是指被赋予充分自主权的地方行政区，担负着“在现有体制之外建立新制度”和对新事物进行尝试的任务[3]。试点、试验展示的是中国政治体制的自主学习能力，而示范机制展示的是执政党以改造社会为己任的目标。无论如何，三者都是一种“由点及面”的工作方法。

试点、试验是我国政策过程中的一种独特现象，因为它们是先在政策执行过程中进行创新，之后才起草正式的法律条文或规章。与之相对应的，则是西方民主国家受立法驱动的政策过程。根据“依法执政”的原则，法治国家需要提前对政策可能带来的影响进行协商审议，只有在颁布法律法规之后才会进入实施阶段。试点、试验会经过以下实施程序或环节：最初，作为试验对象的政策或制度只在少数区域开展探索性设计和实施，这些政策制度既可以是地方根据自身发展需要而自主设计的，也可以是中央提出的改革设想；如果试点有关工作被证实效果良好、符合当前中央的战略要求，上级领导就会从最初的试验中总结提炼出“典型经验”，之后通过密集的媒体报道、高规格的经验交流会及参观互访活动加以推广，或者在进一步修改后被吸收到国家政策中，呈现“试点试验—经验摸索—全面推广”的发展路径[1]。

我国之所以普遍采用试点、试验的方式，是因为这种工作方法具有多重优点。首先，试点、试验能够处理分歧，在很大程度上避免了来自改革反对方的压力，是落实“实践是检验真理的唯一标准”这一原则的重要途径。其次，政策试验能够应对不确定性，因为在很多时候我们无法准确预测一项改革在一个快速变化的经济社会背景下产生的具体效果。再次，政策试验是一种学习机制，有助于在试点中不断完善甚至发展出新的政策选项，而不仅仅是停留在对已有政策的修正上[4]。最后，政策试验是一种既能激发地方的创新性，又能维系中央权威性的机制。试点机制赋予地方政府政策制定权力，这对激发地方解决问题的创新性至关重要；同时，中央又能根据自身需要随时干预——无论是支持还是反对——地方的政策[5]，从而确保地方实践不会偏离中央决策和实际需要太远。

政策试验对我国推进改革开放发挥了重要的作用。在改革开放初期，通过试点、试验搁置了很多理论方面的争议，成为克服意识形态阻力的重要机制，推动了农村集体土地制度改革、发展私营企业、开放外商投资和对外贸易等一系列重大经济体制改革和对外开放举措。随着改革开放的深入推进，意识形态方面的阻力逐步减弱，但经济社会发展中也涌现出许多来自社会、资源环境方面的新问题，试点、试验也成为一种处理新事物的重要政策工具。过去几年，我国医疗体制改革[6]、生态省建设等若干重要领域的改革工作都是通过试点、试验的方式推进的。

试点、试验也存在一些负面影响。一是有些试点、试验越来越沦为一种“名头”和称呼，不能真正发挥作用。某些地方热衷于争取试点的“帽子”，却缺乏真抓实干的劲头。二是地方试验者倾向尽力夸大自己辖区内试点工作的积极成果，往往到了“由点到面”的推广普及阶段才发现试点的典型经验不具备普适性。三是当前全面深化改革进入深水区，开始面临着来自既得利益集团的阻力等众多更为复杂的问题，而试点、试验在破除利益集团阻碍时难以发挥明确的作用，甚至被其俘获，导致一些政策始终停留在试点层面，难以全面推广。因此，政策试点、试验这一机制仍需进一步发展。

6.1.2 生态文明建设的试点布局

在国家推动生态文明建设和体制改革的进程中，试点、示范这一工具被广泛使用（表6-1）。自原环境保护部启动国家生态文明建设示范区创建工作以来，水利部、原国家海洋局、国家发展改革委等分别设立了水生态文明建设试点城市、海洋生态文明示范区、国家生态文明先行示范区等。开展生态文明建设试点、示范成为各部门推进相关工作的重要抓手。

表6-1 生态文明试点示范情况

类型	试点名称	起始时间	负责部门	覆盖范围	试点内容
综合试点	国家生态文明先行示范区	2014年	国家发展改革委等九部门	102个地区，包括省、市、县及跨区域	以制度创新为核心，以可复制、可推广为要求，探索生态文明建设的有效模式
	国家生态文明试验区	2016年	国家发展改革委等	福建、江西、贵州、海南	形成生态文明体制改革的国家级综合试验平台
基于要素的试点	国家生态文明建设示范区	2008年	环境保护部	92个地区，从省到村和工业园区	充分考虑全面建成小康社会对经济社会发展水平和环保的要求，探索可持续发展模式
	生态文明示范工程试点	2011年	国家发展改革委、财政、林业	129个市县区	在重点生态功能区探索生态文明建设的有效途径
	水生态文明建设试点城市	2014年	水利部	45个城市	促进最严格的水资源管理及体制创新和江河湖库水系连通，建设节水防污型社会
	水土保持生态文明工程试点	2011年	水利部	2个市、33个县、6个小流域和19个项目	开展水土保持生态文明建设

类型	试点名称	起始时间	负责部门	覆盖范围	试点内容
基于要素的试点	海洋生态文明示范区	2015年	国家海洋局	24个市县	优化沿海地区产业结构，改善海洋环境质量，强化海洋生态保护与建设
专项试点	自然资源资产负债表	2015年	统计	5个地级市	探索编制自然资源资产负债表
	国家公园体制	2015年	国家发展改革委等	9个试点区	探索整合现有各类保护地的管理体制机制，明确管理机构，实行统一有效管理

注：非完全统计。

根据重点和定位不同，试点、示范分为三类：①基于顶层设计提出的综合类生态文明试点，如国家生态文明先行示范区、国家生态文明试验区；②基于各部委指导性文件提出的要素类生态文明建设试点，其目标是将生态文明建设的要求结合到本部门工作中，主要由单个部委组织实施，如生态环境部门在原先生态省、市、县的基础上设立的国家生态文明建设示范区等；③生态文明专项制度试点的核心是探索尚未成熟的制度和体制改革实施模式，如自然资源资产负债表编制试点等。

试点、示范在“自下而上”探索中的作用模式并不一样，大致可分为两类：①“定指针、评先进”模式，即设定“示范区目标指标”，当一个地区的各项指标都达到既定标准，就赋予该地区相应的示范区称号，以原环境保护部主导的国家生态文明建设示范区为代表；②重在探索和实践，通过总结模式进而为国家层面的决策提供支持，以国家发展改革委主导的国家生态文明先行示范区为代表。

这些由不同部门主导、关注不同层级问题的试点，共同构成了多层次生态文明建设试点。通过赋予地方政府相关的称呼和荣誉，再辅以一定的项目和资金支持，以试点方式把中央规划和地方积极性结合起来，促使地区探索不同层面的生态文明建设模式。

6.1.3 设立国家生态文明试验区的历史使命

设立国家生态文明试验区是党中央、国务院经过长时间酝酿而作出的重要战略决策，有着十分重要的意义。2016年8月，中共中央办公厅、国务院办公厅印发《关于设立统一规范的国家生态文明试验区的意见》，国家生态文明试验区正式设立，福建、江西、贵州成为首批国家生态文明试验区。

设立国家生态文明试验区的最初设想是希望扭转生态文明建设相关试点、试验过多过散的局面：由于相互间工作缺乏衔接，各自设定的指标之间的协调性不足甚至相互冲突，各自开展的试点、试验不仅容易带来生态文明概念的混淆，也给地方工作带来一定的困扰。在这一背景下，2015年9月，中共中央、国务院印发《生态文明体制改革总体方案》，提出“将各部门自行开展的综合性生态文明试点统一为国家试点试验”，这是中央对分散化试点、试验模式作出的重大调整。

在全面深化改革的背景下，破解生态文明体制改革困境成为设立国家生态文明试验区的另一个重要使命。回顾党的十八届三中全会以来生态文明体制改革的历程可以发现，尽管取得了积极进展，但总体上生态文明制度体系建设仍处在初级阶段，约束多而激励少、理论与实际结合不够，主要表现为4个方面：①有些制度操作难度大、成本高，尚处在试点阶段，没有形成全面共识；②有些相互关联的制度涉及多个部门，协调困难，执行中强化了部门利益；③有些制度的理论设计色彩重，缺乏严谨的科学支撑和可操作经验，改革成本较高；④有些制度与现行法律法规存在矛盾冲突，制度设计与相关法律法规的制定、修订等缺乏统筹考虑。其后果是，在理论基础薄弱、现行法律和管理体制制约、制度成本高昂的约束下，生态文明体制改革进程总体滞后于其他领域改革，制度体系碎片化没有得到明显的改善。

显然，要构建一个系统完整、运行流畅的生态文明制度体系，其面临的挑战和阻力都远远超出最初的设想。正是考虑到这一情况，国家希望采取综合试点、试验的方式破解改革难题。党的十八届五中全会进一步明确，设立统一规范的国家生态文明试验区，重在开展生态文明体制改革综合试验，规范各类试点示范，为完善生态文明制度体系探索路径、积累经验。

综合来看，设立国家生态文明试验区的根本任务是“强化系统整合和综合协调”，工作重点是“推动制度体系建设”，途径是“将中央顶层设计与地方具体实践相结合”，最终为国家推进生态文明体制改革提供样本和范例。为此，中央综合考虑各地现有生态文明改革实践基础、区域差异性和发展阶段等因素，首批选择福建省、江西省、贵州省作为国家生态文明试验区，后又增加了海南省，共同打造生态文明体制改革的国家级综合试验平台，集中开展体制改革综合试验。这些试验区肩负着为全国范围内推动生态文明领域治理能力和治理体系现代化提供可复制、可推广经验的重任，需要“立足本地、面向全国”，坚持问题导向、坚持统筹部署、坚持改革创新，既要突出经验梳理，也要将问题识别作为重点，既要激发改革活力，也要发现和破解改革难点，最终在全国范围内为实现“用制度保护生态环境”作出贡献。

6.2 国家生态文明试验区建设总体情况

在试验区空间布局方面，2016年中共中央、国务院印发的《关于设立统一规范的国家生态文明试验区的意见》提出，首批选择在福建省、江西省、贵州省设立试验区主要是出于2个方面的考虑：①三省均为生态环境基础较好，省委、省政府高度重视的地区，三省均是省级生态文明先行示范区；②三省经济社会发展水平不同，具有一定的代表性，有利于探索不同发展阶段的生态文明建设的制度模式。2018年，习近平总书记在庆祝海南建省办经济特区30周年大会上发表重要讲话，提出党中央决定支持海南省建设国家生态文明试验区，鼓励海南省走出一条人与自然和谐发展的路子，为全国生态文明建设探索经验。至此，我国已有4个省级地区成为国家生态文明试验区，其中东部地区2个，中部地区和西部地区各1个。

从各试验区的实施方案发布时间来看，《国家生态文明试验区（福建）实施方案》于2016年8月发布，福建省成为最早发布实施方案的省份。2017年10月，江西省和贵州省的实施方案正式发布。海南省实施方案的发布时间为2019年5月。

在建设目标上，福建、江西、贵州和海南四省都提出在推进生态文明领域治理体系和治理能力现代化上走在全国前列。围绕此目标，试验区实施方案提出2个方面的主要任务：①形成一批可在全国复制推广的重大制度成果，为全国生态文明体制改革创造一批典型经验；②率先构建系统完整的生态文明制度体系，如江西省提出建成具有江西特色、系统完整的生态文明制度体系，贵州省提出全面建立产权清晰、多元参与、激励约束并重、系统完整的生态文明制度体系。

4个试验区有着不同的战略定位，但总体上涉及国土空间、绿色发展、价值实现、环境治理等方面的内容（表6-2）。4个试验区都强调国土空间科学开发保护的重要性，但江西省、贵州省和海南省的定位更加凸显了自身的特色。绿色发展也得到了关注，其中海南省重点强调清洁能源的优先发展，福建省强调绿色发展评价导向。生态产品价值实现构成试验区建设的重要内容，其中福建省和海南省强调对价值实现机制和模式的探索，江西省和贵州省则结合脱贫工作强调生态扶贫。

表6-2　4个试验区的战略定位

试验区	国土空间	绿色发展	价值实现	环境治理	其他
福建省	国土空间科学开发的先导区	绿色发展评价导向的实践区	生态产品价值实现的先行区	环境治理体系改革示范区	—
江西省	山水林田湖草综合治理样板区	中部地区绿色崛起先行区	生态扶贫共享发展示范区	生态环境保护管理制度创新区	—
贵州省	长江、珠江上游绿色屏障建设示范区	西部地区绿色发展示范区	生态脱贫攻坚示范区	生态文明法治建设示范区	生态文明国际交流合作示范区
海南省	陆海统筹保护发展实践区	清洁能源优先发展示范区	生态价值实现机制试验区	—	生态文明体制改革样板区

围绕各自的目标和战略定位，4个试验区均部署了重点任务，凝练了重点制度成果。福建、江西、贵州三个省的实施方案共提出重点制度任务110项。从当前整体进度看，这3个试验区的重点制度任务已经基本制定出台，形成了一批具有创新示范意义的成果。

6.3 案例分析：国家生态文明试验区（江西）建设进展评估

2017年，《国家生态文明试验区（江西）实施方案》正式批复，提出到2020年，建成具有江西特色、系统完整的生态文明制度体系，为全国生态文明体制改革创造一批典型经验和成熟模式，在推进生态文明领域治理体系和治理能力现代化方面走在全国前列。

6.3.1 试验区的运行机制

1. 建设共抓大保护的大格局

江西省加强了顶层设计，省委、省政府加强省生态文明建设领导小组领导力量，强化系统推进和任务分解，形成了党委和政府主要领导亲自抓、分管领导直接抓、部门领导具体抓的生态文明建设的领导体制。在全国率先成立了由书记、省长为“双主任”，多位省委常委和副省长为副主任的省生态环境保护委员会，下设绿色发展、自然资源保护等10个专业委员会，11个设区市、100个县（市、区）均成立了生态环境保护委员会和专业委员会。

2. 将重点制度任务作为优先工作

《国家生态文明试验区（江西）实施方案》规定了构建山水林田湖草系统保护与综合治理制度体系、严格的生态环境保护与监管体系、促进绿色产业发展的制度体系、环境治理和生态保护市场体系、绿色共治共享制度体系、全过程的生态文明绩效考核和责任追究制度体系6个方面的24项改革任务，又结合工作安排将改革任务细分为227项，明确了牵头单位和参与单位。在此基础上，凝练了38项重点制度成果，明确了时间节点要求。

完成重点制度任务是制度改革的重中之重。在江西省委十四届三次全会、江西省生态文明建设领导小组2019年第一次会议、省生态文明建设领导小组暨省推动长江经济带发展领导小组2020年第一次会议上，江西省委、省政府主要领导一再强调要加快推进完成重点制度任务；在包括向江西省人大报告生态文明建设情况在内的各种汇报或报告中，重点制度任务的完成情况亦是不可或缺的内容。这凸显了江西省对完成重点制度任务的重视。

与此同时，江西省积极完成《国家生态文明试验区（江西）实施方案》规定的其他制度改革任务和自主探索的制度改革任务，出台了《江西省生态文明建设促进条例》《江西省长江经济带负面清单实施细则》，在全国率先建立五级河长制（湖长制），创新构建覆盖全省的五级林长制，环资审判、生态检察、生态综合执法在全省范围推行。

3. 想方设法推动制度落地执行

“一分部署，九分落实。”文本形态或政府话语体系下的公共政策转化为现实形态的政策目标的过程并不是一个直线的过程，从制度文本到地方落实往往经历政策细化或再规划的过程[7]。为有效推动改革任务的落地生效，江西省主要从以下几个方面推动工作。

一是对不同的制度采取差异化的推进路径，形成多元改革路径。一方面，采取试点示范、由点及面的方式。对于一些实施条件不够成熟、实施成效不够明朗的生态文明制度，鼓励各地区依据改革总体方向，从本地实际出发积极开展试点，为全面推进生态文明体制改革进行“探险”“探路”。据统计，江西省在生态文明领域部署了40项试点，其中又以山水林田湖草系统保护与综合治理、绿色产业发展领域的试点最多，均在10项以上。另一方面，在制定方案后加快落实推进。在这个过程中，省委加强对地方的巡视、督察，以确保改革部署得到及时落实；同时，也能够在改革推进过程中及时发现和解决问题。

二是采取了激励和约束相结合的举措，激励地方政府的积极性。改革任务的实施主体有省级政府及省直部门，如省级环保督察，但更多的是基层政府，它们的参与和实践是改革措施落实生效的关键环节。为了调动市、县积极性，江西省建立了激励和约束相结合的保障机制，将改革任务与督察、考核等工作结合在一起，如将“生态文明制度创新工作”纳入“生态文明建设目标考核”和“全省高质量发展考核”。

4. 推动制度建设成果复制推广

总结生态文明体制改革经验和成果，形成一批可复制、可推广的改革成果，是国家生态文明试验区的重要使命。江西省加强了生态文明体制改革的复制推广。2019年4月，江西省生态文明建设领导小组印发了《关于加快生态文明制度建设和经验总结推广全面推进国家生态文明试验区建设工作方案》，提出2020年向全国推荐30条可复制、可推广的经验，在全省推广30条地方特色经验，鼓励各县（市、区）形成一批区域性经验成果。2019年，江西省部署和征集到250余篇市县和部门推荐的典型经验材料，经梳理评比后，凝练形成120条经验成果，出版形成了《江西生态文明改革经验》。

6.3.2 体制改革和制度建设进展

依照《国家生态文明试验区（江西）实施方案》规定的任务，江西省深化改革创新，建立制度改革的台账式管理，在探索江西特色、系统完整的生态文明制度体系方面取得了良好的进展。目前，38项重点制度成果已经基本形成。

1. 山水林田湖草系统保护修复制度正加速形成

江西省在构建山水林田湖草系统保护与综合治理制度体系方面的基本进度是，省级空间规划试点任务圆满完成，“两规融合”[1]的全省推广取得重大进展，生态保护红线划定面积居中部第一且正根据国家部署开展优化调整，先行探索了覆盖全部国土空间的用途管制制度，推动了山水林田湖草生命共同体样板打造。

一是建立健全自然资源资产产权制度。江西省提出了“确权登记—产权体系—管理体制”框架，其中，自然资源统一确权登记试点工作位居全国前列，探索的“同一区域内存在多个自然公园、自然保护区等自然保护地时，以最大自然保护地

[1] 两规融合指城乡规划和土地利用总体规划的衔接和协调。

范围划分登记单元”的方法得到自然资源部的肯定和推广。产权体系在部分领域和部分地点单兵突进，余江农村宅基地改革推动了宅基地三权分置改革等，但总体来看，自然资源产权未形成分类合理、内容完善的产权体系，权利交叉、缺位等问题较为普遍，如探矿权、采矿权授予与相关规划、土地使用权的衔接机制有待完善。2020年3月，江西省制定了《关于统筹推进全省自然资源资产产权制度改革的实施意见》，提出力争到2022年基本建立全省分类合理、内容完善的自然资源资产产权体系。

二是加快完善国土空间开发保护制度。江西省优化确立国土空间开发保护格局，空间规划和生态保护红线划定正在优化调整当中；率先开展了自然生态空间用途管制制度，出台了《江西省贯彻落实划定并严守生态保护红线的实施意见（试行）》，形成生态保护红线管理的基本原则，但管理和审批程序细则还没有制定，如提出了制定生态保护红线的正面清单但还未落实。在完善国土空间开发保护配套产业和考核制度方面，江西省针对32个重点生态功能区出台了产业准入负面清单制度，建立了清单制度执行的年度报告机制，实施省直职能部门抽查制度，提出把检查结果纳入对地方强化考核结果运用当中。目前，产业准入负面清单制度已实现重点生态功能区全覆盖，制定了《江西省长江经济带发展负面清单实施细则（征求意见稿）》。

三是探索流域综合管理制度。江西省出台了《江西省长江经济带“共抓大保护”攻坚行动工作方案》《鄱阳湖生态环境综合整治三年行动计划（2018—2020年）》《关于推进生态鄱阳湖流域建设行动计划的意见》《江西省山水林田湖草生命共同体建设三年行动计划（2018—2020年）》，推进鄱阳湖流域系统保护和治理。在赣州、南昌、吉安泰和（千烟洲）等地打造山水林田湖草综合治理示范区。完善流域生态补偿办法，2016—2018年已累计筹集补偿资金超过75亿元，成为流域生态补偿范围最广、贫困地区补偿资金最大的省份，有关做法获水利部主要领导批示肯定。此外，江西省加强了水功能区管理与保护，在赣江按流域设置环境监管和行政执法机构试点，启动编制了流域管理暂行条例。

2. 全面构建生态环境保护与监管体系

江西省在构建生态环境保护与监管体系方面的基本进展是，重点制度成果均按时或提前完成。其中，环保垂改、环境保护督查已步入全面运行实施阶段，部分制度尚处在建设落实或试点推广阶段。

一是健全生态环境监测网络和预警机制。江西省基本完成了环保机构监测监察执法垂直管理制度改革，垂改进度位列非试点省第一。坚持垂改、综合执法改革与机构改革“三位一体”统筹推进，市级生态环境局行政编制总数增幅达40％以上，内设机构平均增幅90％。立项并启动“生态云”大数据平台建设，但省一级“生态云”大数据平台尚未建成。

二是建立健全环境保护管理制度。制定实施《关于全面加强生态环境保护坚决打好污染防治攻坚战的实施意见》。制定《江西省控制污染物排放许可制实施计划》，相关任务已经完成。2019年，全省发证总数4 375家，其中应核发19个重点行业已发证3 110家，核发率100％。但是，以排污许可为核心的一证式管理尚未形成，排污许可与环评制度、排污权交易的衔接有待确立，监管执法也有待转向以排污许可证为依据进行执法。

三是创新生态环境保护督察和执法体制。研究制定《江西省生态环境保护督察规定》，完善省级生态环境保护督察制度。在赣江新区开展城乡环境保护统一监管和行政执法试点，推动建立健全赣江新区城乡环境保护统一监管和行政执法工作机制。在共青城市开展公安部门“环保警察”试点，建立公安、环保行政执法的联动机制和区域协作机制。

四是健全农村环境治理体制机制。出台规模化养殖粪便有机肥转化补贴暂行办法，相关工作走在全国前列。出台《德兴市、靖安县、宁都县农村环境整治政府购买服务试点方案》，推行城乡环卫“全域一体化”第三方治理，全省90％以上的行政村被纳入城乡生活垃圾收运处理体系。鹰潭市率先实现城乡生活垃圾处理的全域一体，有关经验已向全国推广。

3. 初步建立绿色产业发展的制度体系

江西省在构建促进绿色产业发展的制度体系方面的总体进展是，重点制度成果均按时或提前完成，产业生态化进程取得重要进展。

一是创新有利于绿色产业发展的体制机制。江西省出台了《关于创建绿色有机农产品示范基地的实施意见》，江西省人民政府办公厅制定了《关于推进绿色生态农业十大行动的意见》等政策，在全国率先颁布农业生态环境地方性法规《江西省农业生态环境保护条例》。截至2019年年底，全省“三品一标”[1]农产品达5 888个。国家农业主管部门专门肯定了江西省农业发展所做贡献。为了加快国家技术标准创新基地（江西绿色生态）建设，江西省市场监督管理局制定了《江西省生态文明建设标准体系框架及明细表》《江西加快农产品标准化及可追溯体系建设实施方案》，2019年发布了《“江西绿色生态”品牌评价通用要求》等67项推荐性地方标准。

二是完善传统产业转型促进机制。制定实施了《推进传统产业转型升级工程实施意见》，建立传统产业绿色化改造关键技术研发与推广机制，推动一批国家和省级智能制造试点示范项目建设。加快推进产业升级，着力加快培育绿色新动能，做强航空、电子信息、新能源、新材料、中医药等战略性新兴产业。

三是探索建立资源高效利用机制。严格落实节能降耗制度。出台《江西省节约集约利用土地考核办法》，2019年单位地区生产总值建设用地使用面积下降率为6.95%，在全国排名第二。加强循环经济引导，探索制定汽车和工程机械等再制造标准体系，建立生产者责任延伸制度。江铜国家循环经济试点、新余国家节能减排财政政策综合示范城市、丰城等国家循环经济示范城市、南昌等餐厨废弃物处理试点城市等取得积极成效。在南昌、宜春率先推行城市生活垃圾分类制度，到2019年宜春中心城区生活垃圾分类覆盖人口90%，在住建部门牵头组织的46个重点城市考核中排名靠前。

四是气候资源保护与合理开发利用制度逐步建立，并在旅游和农产品方面取得突破进展。立足气候宜居、气候养生、气候休闲、气候疗养等生态气候品牌培育，充分挖掘气候资源价值，打响江西生态气候旅游品牌。目前，已形成“中国天然氧

[1] 无公害农产品、绿色食品、有机农产品和农产品地理标志统称“三品一标”。

吧”“避暑旅游目的地”“特色气象景观”等生态气候旅游品牌。立足用好江西独特的地理环境优势和优势农业气候资源，创新推出农产品气候品质评价，打造农产品气候品质标志，有效提升了农产品附加值和市场竞争力，助推品牌农业发展。农产品气候品质标志工作覆盖全省优质稻、茶叶、脐橙、早熟梨、蜜橘等优质农产品。

4. 健全环境治理和生态保护市场体系

江西省在环境治理和生态保护市场体系方面的总体进展是，重点制度成果均完成，按照“市场化主体—产权交易—资源有偿使用—绿色金融”的架构推进，在部分地区、部分领域形成亮点工作，但环境产权交易改革未能在全国率先实现突破。

一是大力培育环境治理和生态保护市场主体。出台了《江西省加快节能环保产业发展行动计划（2016—2020年）》，组建了华赣环境集团等生态环保领域省级投资运营平台，推动其与地方政府广泛合作，到2020年已与新余市等地方政府共组建合资公司8个。启动城乡环卫、垃圾发电及装备制造、稀贵金属处理等17个项目，形成了环保全域开发与重点突出相结合的发展态势。引入三峡集团合作开展长江大保护。积极引进国家开发银行等参与江西省生态环境治理市场，开展了循环经济产业园环境污染第三方治理试点。

二是完善环境治理和生态保护市场化机制。江西省自然资源厅出台了《江西省全民所有自然资源资产有偿使用制度改革试点方案》，提出完善国有土地资源、矿产资源、国有森林资源、水资源、国有草地资源有偿使用制度，并按照“全面推行”“试点推行”的思路明确了任务。其中，农垦国有农用地有偿使用、国有森林和湿地有偿使用制度、国有林地资源有偿使用制度等均处在试点阶段。

三是产权交易制度目前未进入实质性运行阶段。尽管江西省在产权交易方面的重点制度成果文件均已经制定出台，但除碳排放权交易外，多数未进入实质性交易环节。在林业碳汇交易方面，截至2020年，累计成交3.44万t 碳汇排放量。此外，江西省还计划选择条件成熟、积极性高的地区或单位开展多种类型的水权交易试点。

四是健全绿色金融服务体系。2019年，江西省绿色信贷余额达到2 377.6亿元，发行绿色金融债120亿元。赣江新区绿色金融改革形成绿色市政专项债、低碳修复保险等7项创新绿色金融产品并向全国复制推广。持续壮大绿色金融机构体系，打造绿色创新发展综合体、共青私募基金小镇、绿色金融示范街，创建包括绿色金融服务中心、绿色保险产品创新中心、绿色金融评价认定中心在内的绿色金融“三中心”。不断创新绿色金融产品，在赣江新区绿色金融改革中形成的“洁养贷”、绿色市政专项债、低碳修复保险、人才服务银行等绿色金融产品已向全国复制推广。

5. 积极探索生态文明共建共享体系

江西省在构建绿色共治共享制度体系方面的基本进展是，3项重点制度成果文件已按时或提前完成，生态扶贫取得突破性进展，生态产品价值得以部分体现，初步构建起生态文明共建共享新格局。

一是探索共建机制。江西省研究制定了《江西省生态文明建设促进条例》，动员全社会参与、支持和融入生态文明建设；制定出台了《江西省环保社会组织行为规范指导意见》，推动公民履行生态环境保护的义务。

二是创新生态扶贫机制。围绕参与生态治理保护、生态产业发展、获取生态补偿3条路径，大力推进生态扶贫，25个贫困县的生态补偿资金占全省的比例达43%，安排生态护林员7万余人，优先聘用建档立卡贫困户充实农村生态护水员、保洁员队伍。修水等地探索利用特色资源开发资产收益扶贫，上犹县、遂川县、乐安县、莲花县生态扶贫试验区探索形成了一批富有成效的扶贫新模式。但因长江经济带严控小水电，《江西省水电矿产资源开发资产收益扶贫改革试点实施方案》未能很好地落实。

三是推进绿色创建。开展绿色机关、绿色企业、绿色家庭、绿色学校、绿色社区等创建行动。加强党政领导干部生态文明专题培训，编写义务教育省情教材《美丽江西》，推广“河小青”志愿服务行动。截至2020年，靖安县、婺源县、井冈山市、崇义县、浮梁县等被评为国家“绿水青山就是金山银山”实践创新基地，井冈山等16个市县获批为国家生态文明建设示范市县。

6. 完善生态文明考核和责任追究制度体系

在生态文明绩效考核和责任追究制度体系方面，重点制度成果均已出台，体现绿色政绩观的评价考核制度基本建立，但激励约束并重的生态文明建设目标评价考核和责任追究制度的普遍实施和应用有待加强。

一是完善生态文明建设评价考核制度。江西省出台了《江西省生态文明建设目标评价考核办法（试行）》，完成了2017年度、2018年度所有设区市绿色发展年度评价，11个地级市均实施了对县、区的绿色发展年度评价。在生态文明建设考核方面，2019年省政府完成了对100个市县的生态文明建设考核，并将结果向各市县进行了通报。

二是探索编制自然资源资产负债表。2016年，江西省在宜春市、抚州市、兴国县、安福县开展试点。2017年，新增萍乡市、于都县等试点。2018年，江西省出台《江西省自然资源资产负债表编制制度（试行）》，省统计局编制完成了2016年、2017年江西省自然资源资产负债表，但负债表的结果应用机制尚未建立健全。

三是建立并实施了经常性领导干部自然资源资产离任审计制度。江西省出台了《关于开展领导干部自然资源资产离任审计的实施意见》，探索形成了1拖N审计模式等经验。受省委组织部委托，江西省审计厅于2019年对南昌、九江、宜春3个设区市的党政正职开展领导干部自然资源资产离任审计，形成的审计意见报送省委、省政府，并形成了审计整改意见。2019年，江西省共开展县处级及以下离任审计项目162个。

四是建立生态环境损害责任追究制度。2017年，江西省出台了《江西省党政领导干部生态环境损害责任追究实施细则（试行）》，建立组织、纪检监察、生态环境等部门常态化协作机制。配合环境保护督查，2017—2020年共对184人进行了问责。但该制度在离任审计、日常督查检查、新闻媒体等方面的应用较少，地级市政府也很少运用该制度实施问责。

6.3.3 试验区建设成效评估

1. 评估维度

对照《国家生态文明试验区（江西）实施方案》提出的目标，国家生态文明试验区建设目标可以分为4个维度（表6-3）。

表6-3　国家生态文明试验区（江西）建设成效评估维度

指标	目标情况	指标释义
制度体系建设情况	基本建成生态文明制度体系	六方面的制度基本建立，形成“源头严防—过程严管—后果严惩”的制度体系，同时要在制度落实上取得突破
成果复制推广情况	贡献可复制、可推广的经验	一批制度成果以被党中央认可、纳入国家方案、获得部委正式发文认可等方式得以推广
绿色发展取得成效	初步探索绿色崛起新路子	完成“十三五”确立的节能低碳和减排任务，在培育绿色增长新动能、生态产品价值实现方面取得突破
绿色惠民情况	探索提升人民群众获得感	打造形成“一流”的生态环境质量，人民群众的生态获得感和幸福感明显增强，生态扶贫取得显著成效

一是制度体系建设情况。基本建成一套有江西特色、系统完整的生态文明制度体系，基本建立六方面的制度，形成“源头严防—过程严管—后果严惩”的制度体系，同时要在制度落实上取得突破。

二是成果复制推广情况。在制度转化上取得突破，为全国生态文明体制改革创造一批典型经验和成熟模式。成果的复制推广方式有不同层次，包括被党中央认可、纳入国家方案、获得部委正式发文认可等渠道。

三是绿色发展取得成效。经济发展的质量和效益显著提高，万元地区生产总值能耗、万元地区生产总值用水量、温室气体及主要污染物排放量进一步下降，在培育绿色增长新动能、生态产品价值实现方面取得突破，初步走出一条绿色崛起新路子。

四是绿色惠民情况。生态环境质量继续位居全国前列，使江西的天更蓝、地更绿、水更清；人民群众的生态获得感和幸福感明显增强，生态扶贫取得显著成效。

2. 总体成效评估

对照四方面的目标指标情况，江西省国家生态文明试验区建设成效总体良好，目标基本实现。

一是制度建设方面，初步形成生态文明制度体系，但在落实方面还有改进空间。制度建设是江西省开展国家生态文明试验区建设的核心任务。总体而言，江西省以体制机制改革为重点，在山水林田湖草系统治理、最严格的环境保护与监管、促进绿色产业发展、环境治理和生态保护、全过程生态文明绩效考核和责任追究等六大制度体系方面取得了重要进展，初步形成了一套制度体系，总体表现良好。

“源头优化约束”体系正在建立健全。自然资源产权进一步清晰，自然资源统一确权登记试点工作位居全国前列，探索的“同一区域内存在多个自然公园、自然保护区等自然保护地时，以最大自然保护地范围划分登记单元”的方法得到自然资源部的肯定和推广。国土空间开发保护格局正在形成，省级空间规划试点任务圆满完成，“两规融合”在全省推广取得重大进展；初步划定生态保护红线4.69万km^2，占全省土地面积的28.06%，生态保护红线划定面积居中部第一，正在根据国家部署开展优化调整；划定永久基本农田3 693万亩。产业准入机制建立健全，省级以上重点生态功能区全部实行产业准入负面清单。

“过程精细管理”体系正在加速形成。国土空间用途管制制度正在建立健全，江西省先行开展了自然生态空间用途管制试点，在赣州、南昌、千烟洲等若干重点区域打造出全国领先的山水林田湖草生命共同体样板。企业监管体系日趋完善，环保重改工作基本完成，非试点省份进度排名第一；建立赣江流域生态环境监督管理办公室和生态环境执法局；对企业实施“排污许可+损害赔偿+行政执法与刑事司法”的管控制度。农村环境治理体制机制进一步健全，出台《江西省规模化养殖粪便有机肥转化补贴暂行办法》；推行城乡环卫“全域一体化”第三方治理，全省90%以上的行政村被纳入城乡生活垃圾收运处理体系。

“后果奖惩追究”体系已经建立并实施。政府责任体系建立健全，江西省在全国率先成立了由党委、政府主要领导为“双主任”的省、市、县三级生态环境保护委员会和专业委员会，率先建立五级河长制（湖长制），创新构建覆盖全省的五级林长制，确立了党委政府在河湖保护、森林保护方面的责任。出台了《江西省生态文明建设目标评价考核办法（试行）》，开展了绿色发展评价和生态文明建设目标考核，全面推行自然资源资产离任审计、生态环境损害责任追究制度，强化“查督并举，以督政为主”的生态环境保护督察，建立组织、纪检监察、生态环境等部门常态化协作机制，变生态环保“软要求”为“硬约束”，让生态环境保护制度成为不可触碰的高压线。

但是，江西省的制度体系建设也存有不足，一些制度在落实方面存在诸多不足。有超过20%的制度尚未步入实质性运行阶段，如环境产权交易制度；一些制度仅在少部分地区运行实施，只有30%的制度已经在全部地区运行实施。

二是成果推广方面，涌现一批可复制、可推广的经验，但上升为全国性经验做法的制度成果数量有待提升。作为渐进性转型路径和“摸着石头过河”思维的具体实现形式，“试点—推广”式改革在中国治理实践中的普遍性和重要性毋庸置疑。对国家生态文明试验区成果复制推广的成效进行评估的理想方式是，全面追踪和梳理各项成果在中央及其他地区的实施应用情况，从而有效把握制度成果复制推广的进展情况。但考虑到数据的可得性、相关决策的封闭程度等一系列问题，更多地只能通过间接方式观察和判断复制推广的成效。

江西省在形成可复制、可推广制度成果方面进展良好。现有分析资料显示，江西省在国家生态文明试验区建设过程中，总计有56项生态文明制度已经或正在以各种不同方式进行复制、推广和实施，既为国家决策提供了支撑，也为其他地方提供了参考。有2项经验做法获得了习近平总书记的肯定，即靖安“一产利用生态、二产服从生态、三产保护生态”的发展经验，赣南脐橙产业扶贫模式；有4项经验做法纳入国家方案，如自然保护地登记单元划分方法被写入《自然资源统一确权登记暂行办法》（自然资发〔2019〕116号）；多项成果获得国务院通报表扬、部委通报表扬和公开推介、国家部委内部专刊刊登等，如江西横峰创新农村环境整治机制、萍乡海绵城市建设经验、景德镇“城市双修”经验3项制度成果获得了国务院通报表扬。

另外，江西省的经验做法主要体现在地方特色性方面，上升为全国性做法的不多，如纳入国家方案的仅有4项；类似浙江省“最多跑一次”[1]的具有重大影响力的

[1] “最多跑一次”改革是通过“一窗受理、集成服务、一次办结”的服务模式创新，让企业和群众到政府办事实现“最多跑一次”的行政目标。

改革相对欠缺，未来亟须增强。

三是绿色发展方面，初步探索出“一条”绿色崛起的新路子，但绿水青山就是金山银山理论探索实践的广度、深度和系统性有待深化。总体而言，江西省在探索绿色崛起新路子方面取得了较好的进展，“十三五”的前四年，江西省地区生产总值的年均增速为8.62%，位居全国第四，仅次于贵州省、西藏自治区和云南省，经济社会发展的质量不断提高，初步形成了一条“三化”绿色发展道路。

生产方式趋于绿色化。江西省万元地区生产总值能耗、用水量、温室气体及主要污染物排放量进一步下降等指标目标均有望完成。2019年，江西省提前一年完成“十三五”节能目标任务；2018年，江西省单位地区生产总值二氧化碳排放比“十二五”末累计下降17.38%，超额完成累计进度目标；万元地区生产总值用水量累计下降20.85%；主要污染物排放总量减排进展顺利。

经济结构呈现高端化。在三次产业结构上，服务业快速发展并占地区生产总值的比重超过二次产业，二次产业与三次产业的比重从2015年的50.8∶38.6调整至2019年的44.2∶47.5。在一次产业内部，江西省绿色有机农产品示范省建设取得重大进展，2019年绿色有机农产品数量达5 888个，2018年绿色有机农产品基地面积占全省耕地面积的38.6%，农业农村部专门致信肯定江西省的工作。在二次产业内部，2019年高新技术产业、战略性新兴产业增加值占规模以上工业增加值的比重分别达36.1%、21.2%，同比分别提高 2.3个百分点、4.1 个百分点，分别比2015年提高10.4个百分点、6.3个百分点。在三次产业内部，生态旅游、绿色金融、大健康等绿色服务业快速发展，全省绿色信贷余额达2 377.6亿元，2019年江西省旅游接待总人次、总收入分别增长15.7%和18.6%。

生态产业化取得成效。江西省在全国率先开展省级“绿水青山就是金山银山”实践创新基地建设，国家“绿水青山就是金山银山”实践创新基地数量列全国第二。一是生态补偿机制日益完善。覆盖全部市县的流域生态补偿机制基本建立，江西是流域生态补偿范围最广、贫困地区补偿资金最大的省份；创新生态公益林补偿机制，累计发放补偿金101亿元，补偿标准居全国前列。二是生态资源的抵押、入股、交易等价值逐步凸显，以抚州生态产品价值实现机制试点为核心开展探索，如乐安金竹畲族乡以山林资源入股，与社会资本合作开发生态旅游，享有景区门票收入30%的分红；推动土地承包经营权与林权抵押贷款试点，探索生态资源收益权质押贷款；碳普惠机制走在全国前列。三是构建了生态品牌增值体系，2020年中国品牌价值评价信息显示，江西省6个国家地理标志保护产品入围前100强，其中，赣南脐橙连续5年位居全国初级农产品（水果）类地理标志产品价值榜首。立足气候资源形成“避暑旅游目的地”“特色气象景观”等生态气候品牌，立足优势农业气候资源打造了农产品气候品质标志。

但是，江西省绿水青山就是金山银山理论探索实践的广度、深度和系统性有待深化。从成效来看，相关模式依旧有较大的提升空间，价值实现程度和利益分配机制需要进一步提高，如根据现有数据，每个贫困户从生态扶贫中得到的收益基本在2 400～13 000元/年；绿色金融的覆盖面和推广程度不足，以江西省纳入国家发展改革委复制推广清单的绿色金融制度为例，这些制度均在部分市县实施，尚未在全省范围进行推广。

四是群众获得感方面，探索提升群众获得感，但生态环境质量与先进地区相比依旧有提升空间。人民群众的生态获得感和幸福感明显增强。江西省生态环境质量持续保持领先。森林覆盖率居全国第二，仅次于福建省；建立了190个自然保护区、182个森林公园、99个湿地公园，数量居全国前列，是全国唯一的“国家森林城市”设区市全覆盖的省份；园林绿化三大指标位列中部省份第一、全国领先。大气环境质量方面，在中部地区率先实现了省级空气质量达标，并实现了历史性突破。2019年，全省设区城市环境空气$PM_{2.5}$年均浓度为35 μg/m^3，六项空气质量指标全面达到二级标准。根据省统计局开展的生态环境满意度调查，2018年11个设区市群众对本地区生态环境的满意度均在80%以上，最高的吉安市为90.39%，三年来满意度首次突破90%，最低的鹰潭市也有80.5%，而2017年最低的设区市为78.93%。满意度的整体提高体现了江西省生态文明工作群众参与度较高、获得感提升，生态文明建设理念深入人心。

但在4个试验区当中，江西省部分指标排名相对靠后（表6-4）。在县级及以上城市空气质量优良天数比例、$PM_{2.5}$年均浓度、地表水水质优良比例等方面，江西省均排在最后，落后于福建、贵州和海南。在全面消除V类及劣V类水体方面，与福建、贵州排在同一层面，好于海南。

表6-4 2019年国家生态文明试验区生态环境质量对比

领域	指标	江西省	福建省	贵州省	海南省
天更蓝	县级及以上城市空气质量优良天数比例/%	89.7（4）	98.3	98.3	97.5
	$PM_{2.5}$年均浓度/（μg/m^3）	35（4）	21	24	16
地更绿	森林覆盖率/%	63.1（2）	66.8	58.5	62.1
水更清	地表水水质优良比例/%	92.4（4）	95	96.8	93
	全面消除V类及劣V类水体	未全面消除V类水体	未全面消除V类水体	未全面消除V类水体	未全面消除劣V类水体

注：括号内的数字为江西省在4个试验区中的排名。

来源：各省生态环境状况公报。

6.4 生态文明试点、试验机制存在的问题与不足

6.4.1 综合性试验平台功能有待进一步发挥

中央设立国家生态文明试验区的首要任务是开展生态文明体制改革的综合试验，在实践中检验和验证《生态文明体制改革总体方案》的科学合理性和可操作性，进而为中央落实或完善改革方案提供参考。但由于种种原因，试验区尚没有对相关制度体系进行完整实施，主要体现在以下几个方面。

第一，作为省级政府，相关省厅更多地在落实和推动中央对口部委部署的任务，但在相互联系的一系列制度的整体设计和协调推进方面缺乏很好的解决办法。例如，在资源环境资产化管理方面，中央同时设计了碳市场与用能权交易、环境税与排污权交易等关联性制度，但这些制度之间具有相互替代性，各自的适用边界等都没有在理论上论述清楚，相互间的协调机制也未构建；又如，按流域设置环境监管和行政执法机构、河长制、环保垂改等任务之间的关系还有待探索。这些制度在落实实施中如何衔接取舍，试点、试验地区基本上没有给出很好的答案。

第二，试验区在省内部署的试点也存在相对分散的情况，一些相互联系的制度没有放在同一试点区域实施。试点的选择往往涉及不同层级政府间的沟通、部门间的协调及基层政府的意愿，但由于时间限制，相互间的协商与沟通可能不足，导致一些相互联系的改革任务，如自然资源资产负债表编制与领导干部自然资源资产离任审计并没有在同一地方开展试点，从而给制度整合带来不利影响。对于基层政府而言，由于行政资源相对有限，改革任务又相对繁重，地方政府通常将有限的改革资源集中在少数的制度建设和改革任务当中，产生选择性执行的情况，如重点关注国家和省赋予的试点任务。这在一定程度上割裂了制度的系统完整性，导致制度的碎片化实施。

第三，作为衔接中央和市县的省级政府，依旧难以突破一系列体制机制性因素。以“多规合一”为例，厦门市梳理了相关规划的矛盾图斑，构建起覆盖全域、用地属性唯一的“一张蓝图”，盘活了土地利用；以信息整合为切入点，搭建了统一的空间规划信息平台，重构了审批流程，全面缩短了审批时间，项目立项申请到用地规划许可证核发的时间仅为原来的20%；以整合后的空间布局作为各部门工作的基础，推动“一张蓝图干到底”。鉴于此，福建省试图在全省范围内推广厦门市“多规合一”的经验做法，但并没有取得很好的成效。其主要原因在于，规划冲突本质上是体制和政策的冲突，在大范围推行“多规合一”是对国家层面的各部门控制性指标、政策和规划进行调整，超出了省级政府的权限。

专栏6-1　福建省推广厦门市“多规合一”做法时面临的挑战

厦门市“多规合一”试点经验取得了重要进展，福建省试图在全省范围内推广厦门市“多规合一”的经验做法，扩大改革成效覆盖面，但改革推进进度非常缓慢。“多规”不合的矛盾表面上是各类规划之间图斑的不协调，实质上则是各类规划遵循的上位法律、管理体制相互掣肘。试点经验“自下而上”、以技术为主的探索更多的是现行体制束缚下小范围内的特定做法。因此，简单地将试点经验做法进行推广，难以取得改革的胜利。

第一，改革试点的探索以技术手段和行政协调突破为主，“多规合一”试点制度化成果并不多。试点地区“多规合一”总体具有以下特征：一是尝试通过技术手段来协调规划之间的冲突，但不突破既有规划体系，规划职能重叠、边界不清的问题并未得到有效解决；二是应地方需求而生并呈现典型的地方主官驱动特征，采取行政协调的方法，即地方一把手在协调有关用地差异和凝聚共识方面发挥了主导性作用，但这种做法缺乏可推广性；三是一些改革成果，如规划期限、审批流程及各类控制线和衔接协调机制，尚未在有关法律法规中予以修改确认。

第二，规划冲突的本质是体制和政策冲突，大范围落实“多规合一”必须对各部门的控制性指标进行“自上而下”的调整。国土空间规划是国家空间均衡发展战略、耕地保护、生态保护等政策落实的载体。当前，中央各部门普遍制定了各类资源环境管控政策和约束性指标，并通过相关规划来落实。之前，由于住建、自然资源、发改、生态环境等部门的国土空间管理相关规划衔接协调不足，地方广泛存在“一地各表”的情况（不同部门对同一地块的地类、性质等按照各自需要分别表述），不影响控制指标的落实。但通过“多规合一”把各项控制性指标落到一张空间蓝图中时，以往交叉重叠的矛盾就必须要解决。

从试点地区来看，差异图斑所占比例并不小。据统计，厦门市有关规划中关于基本农田、林地、建设用地或矿区的差异图斑合计306 km^2，占辖区面积的18%。这些冲突本质上是各项约束性指标之间的矛盾。因此，在更大范围内推广“多规合一”，国家层面应当介入，这需要各部委重新设计和协调各项约束性指标的下达和分配方式。

第三，在传统冲突未解决的情况下，各部门又推进了新的空间开发保护改革任务，给推广工作带来一定的不确定性。“多规合一”试点的启动时间是2014年，当时许多相关改革任务都没有部署，这实际上为有关试点地区聚焦规划冲突解决方案的探索提供了便利。但2015年永久基本农田开始划定，2017年生态保护红线划定工作开始全面推进，自然生态空间用途管制试点也启动了。这些制度代表了各部门在管控空间发展方面所具有的话语权和影响力。在逻辑上，这些制度互为前提、相互交叉，但又分属于不同部门实施，采取的方法各不相同。在已有规划的空间性冲突尚未解决的情况下，新空间管制制度有增加新矛盾的风险。地方普遍表示这些制度的实施增加了“多规合一”改革的复杂性，提升了部门间及不同层级政府间协调的难度和要求。

因此，试点地区“多规合一”以技术手段和行政协调为主的做法绕开了规划冲突的根源。在用地差异图斑较多的情况下，“自下而上”的行政协调方式难以推广至其他地区，同时新空间管制制度也增加了协调难度。因此，试点做法尽管能够很好地解决其辖区内国土空间事权划分不清的问题，但有关省份在大规模推行该做法时就会有很大的不确定性。

6.4.2 成果的复制推广价值有待进一步实践验证

开展试点、试验建设的目的是进一步总结和凝练经验，为国家制定相关政策提供有价值的参考做法。当前，尽管各类试点、试验形成了一些典型的经验做法，国家也发文鼓励各地复制推广，但这些成果的价值有待进一步实践验证。

第一，试点、试验地区存在一定的“只许成功、不许失败”的思想，难以验证设计失误的制度。《关于设立统一规范的国家生态文明试验区的意见》提出，对于试行有效的重大改革举措和成功经验做法，根据成熟程度分类总结推广，成熟一条、推广一条；对于试验过程中发现的问题和实践证明不可行的，要及时提出调整建议。但在实施中，一些地方存在着“只许成功、不许失败”的思想，很难由试验区直接证明某些制度不可行。

第二，部分典型经验存在“项目化”和“技术化”特征，很难具有复制推广价值。部分领域存在“项目化”代替“制度化”的情况，如一些地方在生态产品价值实现的探索中，地方政府往往把相关产业发展、招商引资等同于生态产品价值实现，项目化探索成为推动生态产品市场化改革的普遍方式和抓手，导致探索成果缺乏普适意义。又如“多规合一”，一些试点以技术手段和行政协调突破为主，前者指尝试通过技术手段来协调规划之间的冲突，但不突破既有规划体系，规划职能重叠、边界不清的问题并未得到有效解决；后者指地方一把手在协调有关用地差异和凝聚共识方面发挥了主导性作用。在这种情况下，尽管试点地区的成果较好，但这种做法缺乏可复制性和可推广性。

第三，制度建设产生成效有一系列的前提条件，复制推广机制尚未建立健全。复制推广过程中仍然需要充分考虑这些经验做法的适用条件，做到因地制宜、配套得当、逐步实施。同时，还需要激发地方政府的积极性和自觉能动性，根据当地的制度缺口和现实约束，做到制度的适用性再创新，使成果的复制推广效果得到有效发挥，加快我国生态文明体制改革的进程。但目前尚没有制度复制推广的激励机制安排。

6.5 进一步完善生态文明试点、试验机制的建议

1. 以习近平生态文明思想为指引深化试验区改革建设

习近平总书记在2018年5月18日至19日召开的全国生态环境保护大会上的重要讲话形成了新时代推进生态文明建设的新原则、新体系、新目标、新任务、新要求，是习近平总书记关于生态文明思想的最新、最集中的体现，是继党的十九大报告深刻论述生态文明建设之后，对生态文明思想全面、系统、深刻、科学的阐释，是新时代中国特色社会主义生态文明建设的根本纲领。在推进国家生态文明试验区建设的过程中，应当坚持与时俱进，积极主动地学习和贯彻习近平生态文明思想，特别要注重与新原则、新体系、新目标、新任务、新要求对标，以不断提升试验区建设的站位和质量。

2. 以体制改革提质增效为目标全面增加改革的系统性

强化对试验区建设的组织协调。在试验区的建设过程中，持续深化生态文明管理体制改革并为相关制度建设的统筹协调提供支持，强化改革领导小组及其办公室的领导作用，就有关部门及其负责人在相关改革任务上的职责权限做出明确划定，并明确相应的监督考核与问责追究机制，及时预防、遏制和化解部门利益制度化倾向。

深入开展生态文明相关政策评估。可以针对不同改革举措的特点，考虑从不同目标和取向出发，通过引入中立的第三方等方式，有侧重地针对不同区域和领域的生态文明建设相关政策开展情况进行全面细致的评估：一是对相关政策进行梳理、总结，建立系统完整、分类明确的政策体系框架；二是分别对不同类型的政策和单项政策进行比较，甄别政策间的逻辑关系；三是对上述政策开展过程评估和结果评估，明确存在的主要问题；四是针对政策存在的问题，基于政策间的联系，对政策体系进行调整和优化。也就是说，政策评估不应流于形式，而是应当成为地方政府进行相关决策的重要依据。为此，需要从评估主体选择、评估指标体系和方法论构建、评估流程程序设计、评估报告质量把控、评估结论和意见反馈等方面入手进一步完善试验区的政策评估制度。

立足实际开展体制改革与制度建设综合试验。以政策评估为重要依据，地方政府既能依循中央相关决策部署的基本精神，又能根据客观实际行使一定程度的裁量权和变通权，以此为优化和修正相关制度安排奠定坚实基础。具体而言，一是对制度高度关联、内容边界模糊、功能可能互相替代的多项制度进行联合试验，探索出制度优化、整合或废止的具体思路和方法，形成经验供中央参考；二是对于在事实上具有主次之分或优先次序的相关制度，一定要加强调查研究，特别是要率先构建基础性制度，根据科学精神和改革规律循序渐进，以成本最低、效益最高的方式推进落实改革举措；三是利用好试验区的综合试验平台，把功能有差异但可以发挥合力的制度集中在同一区域进行综合试点，通过“化学反应”产生“组合拳”效应。在上述过程中需要注意，制度最初的目的和功能设定不可任意扩张或收缩，否则可能面临制度异化的风险，影响改革的实质推进。确需调整的，应当经过周密论证和审慎设计。

3. 以确保改革落地生根为基点完善支撑和保障机制

建立央地双向互动的长效机制。一方面，从“自上而下”的视角来看，中央层面的政策制定部门应当主动面向地方相关部门进行及时和充分的政策宣讲，帮助地方端正和加深对顶层设计的理解，并在不涉及国家秘密的前提下通过分享决策支撑信息和数据进行辅助说明；另一方面，从“自下而上”的视角来看，地方层面在向中央推广典型经验做法的过程中，应当全面细致地识别并阐明地方经济、社会、环境等条件的特殊性或局限性，加强对经验共性的挖掘提炼，不盲目而是审慎地进行成果的复制推广。

完善落实改革必要的人财物保障机制。首先，坚持理论素养和实践技能并重，加强新兴领域复合型人才的培养力度，建立富有弹性的人员编制制度和灵活多样的人员管理制度，注重对专业服务组织的培育和能力建设；其次，加强对生态文明建设的财政转移支付和税收优惠力度，积极引入社会资本，创新PPP、绿色金融等投融资模式，加大对乡镇基层环境污染治理等领域的资金投入；最后，强化不同层级政府及其职能部门之间的沟通协调，理顺并优化资源环境领域的调查、统计、监测体系，尽可能提升信息和数据的完整性、精确性、统一性和及时性。

健全引领和推动改革的法治保障机制。首先，对现行地方性法规和规章的实施情况进行全面清理和评估，切实提升地方立法的意愿和能力，运用《中华人民共和国立法法》（以下简称《立法法》）第十三条等特别授权规定，加强国土空间规划、自然资源资产管理、绿色生产和绿色消费、能源和应对气候变化、自然保护地和国家公园等重点领域立法的制修订工作；其次，建立生态环境综合执法与联合执法体制机制，改革环境监测管理体制，细化环境行政自由裁量权基准，提倡行政协议、行政指导等柔性执法措施，理性构建环境司法专门化审判机制、机构和程序，引导各级党政机关领导干部带头遵法、学法、守法、用法；最后，构建由党内监督、人大监督、民主监督、行政监督、司法监督、审计监督、社会监督、舆论监督构成的监督体系，建立健全省级生态环境督察体制机制，发挥好监察委员会的作用，完善信息强制性披露和环境保护信用评价制度。

参考文献

[1] HEILMANN S.Policy Experimentation in China's Economic Rise [J] .Studies in Comparative International Development，2008，43 (1)：1-26.

[2] 叶敏，熊万胜 ."示范"：中国式政策执行的一种核心机制——以 XZ 区的新农村建设过程为例 [J] . 公共管理学报，2013 (4)：15-25，138.

[3] Naughton，Barry.The Chinese Economy：Transitions and Growth [M] .Cambridge，Mass：MIT Press，2007.

[4] 苏利阳，王毅 . 中国"央地互动型"决策过程研究——基于节能政策制定过程的分析 [J] . 公共管理学报，2016 (3)：1-11.

[5] 刘培伟 . 基于中央选择性控制的试验——中国改革"实践"机制的一种新解释 [J] . 开放时代，2010 (4)：59-81.

[6] 王绍光 . 学习机制与适应能力：中国农村合作医疗体制变迁的启示 [J] . 中国社会科学，2008 (6)：111-124.

[7] 贺东航，孔繁斌 . 公共政策执行的中国经验 [J] . 中国社会科学，2011 (5)：61-79，220-221.

第7章

生态环境监测体制改革进展

XINSHIDAI SHENGTAI WENMING CONGSHU

党的十八大以来，我国推进生态文明建设和绿色发展的决心空前、力度空前。生态环境监测作为生态文明建设的基础，也得以空前快速发展。近年来，我国不断深化生态环境监测体制改革，加快生态环境监测网络建设，生态环境监测数据质量不断提高，生态环境监测对生态文明建设的支撑作用明显加强。我国生态环境监测的功能定位不断提升，从起初作为环境保护的基础到顶梁柱，再到生命线，生态环境监测体系步入新的发展时代，并处于新的历史方位[1]。当前，生态环境监测体系距离满足生态文明建设的需求仍有一定差距。

本章重点分析当前我国生态环境监测体制改革的现状、进展、成效及实施中存在的突出问题，提出不断深化我国生态环境监测体制改革的建议。

7.1 生态环境监测体制改革的现状和进展

7.1.1 中央对生态环境监测体制改革作出总体部署

顶层设计先导，中央重视是生态环境监测网络建设快速发展的决定因素。中央对生态环境监测体制改革作出总体部署，明确了生态环境监测体制改革实施的主体、对象和目标。

1. 相关法律提出了明确要求

我国资源环境领域相关法律法规对各自领域的生态环境监测都作出了明确规定，生态环境监测在生态环境保护中的基础性地位显而易见[2]。

新修订的《环境保护法》（2015年1月1日施行）对各级人民政府组织开展环境质量监测、污染源监督性监测、应急监测、监测预报预警、监测信息发布等方面作出了规定，强调生态环境监测要统一规划和统一信息发布。

大气环境监测方面，新修订的《中华人民共和国大气污染防治法》（以下简称《大气污染防治法》）规定了国务院生态环境主管部门负责制定大气环境质量和大气污染源的监测和评价规范，组织建设与管理全国大气环境质量和大气污染源监测网，组织开展大气环境质量和大气污染源监测，统一发布全国大气环境质量状况信息。《中华人民共和国气象法》规定国务院气象主管机构负责组织进行气候监测、分析、评价，并对可能引起气候恶化的大气成分进行监测。

水环境监测方面，《水法》规定要加强水资源的动态监测和水功能区的水质状况监测。新修订的《水污染防治法》规定国家建立水环境质量监测和水污染物排放监测制度，国务院生态环境主管部门负责制定水环境监测规范，统一发布国家水环境状况信息，会同国务院水行政等部门组织监测网络，统一规划国家水环境质量监测站（点）的设置。

土壤环境监测方面，《中华人民共和国土壤污染防治法》（以下简称《土壤污染防治法》）规定要做好土壤污染状况监测、调查等工作，支持土壤监测科学技术研究开发、成果转化和推广应用，提出制定土壤环境监测规范，会同国务院农业农村、自然资源等主管部门组织监测网络，统一规划国家土壤环境监测站（点）的设置。

2. 推动生态环境监测立法工作

生态环境部正在研究制定的《生态环境监测条例》是推动完善生态环境监测顶层设计的迫切需要。该条例将推动监测工作依法开展、监测管理依法行政、监测数据合法有效，进一步明确和规范主管部门、监测机构、监测人员、排污单位等相关主体的责任和义务等，因此应推动其尽快实施。

3. 国务院办公厅制定出台《生态环境监测网络建设方案》

生态环境监测是生态环境保护的基础，是生态文明建设的重要支撑。长期以来，我国生态环境监测网络存在范围和要素覆盖不全，建设规划、标准规范与信息发布不统一，信息化水平和共享程度不高，监测与监管结合不紧密，监测数据质量有待提高等突出问题，难以满足生态文明建设需要，影响了监测的科学性、权威性和政府公信力，必须加快推进生态环境监测网络建设。为此，2015年8月，国务院办公厅印发《生态环境监测网络建设方案》，提出全国生态环境监测网络建设的总体要求、主要目标和任务举措等内容。为切实将《生态环境监测网络建设方案》确定的目标任务落到实处，原环境保护部组织编制印发了《生态环境监测网络建设方案实施计划（2016—2020）》（环监测〔2016〕107号），将《生态环境监测网络建设方案》的各项目标任务分解细化，从环境质量监测网络建设、生态监测、污染源监测改革、预报预警监测、监测信息共享与公开等方面提出了具体落实措施，深入落实“全面设点、全国联网、自动预警、依法追责”的任务要求，明确了“十三五”环境监测发展思路和重大举措。

4. 推进省以下环保机构监测监察执法垂直管理制度改革

为了建立健全条块结合、各司其职、权责明确、保障有力、权威高效的地方环保管理体制，确保环境监测监察执法的独立性、权威性、有效性，2016年9月中共中央办公厅、国务院办公厅印发了《关于省以下环保机构监测监察执法垂直管理制度改革试点工作的指导意见》（中办发〔2016〕63号），明确提出了调整环境监测管理体制、规范和加强环境监测机构建设、强化环保部门对社会监测机构和运营维护机构的管理、加强环保能力建设等要求。

5. 深化环境监测体制改革，提高监测数据质量

环境监测数据是客观评价环境质量状况、反映污染治理成效、实施环境管理与决策的基本依据。当前，地方不当干预环境监测的行为时有发生，相关部门环境监测数据不一致的现象依然存在，排污单位监测数据弄虚作假屡禁不止，环境监测机构服务水平良莠不齐，导致环境监测数据质量问题突出，制约了环境管理水平的提高。为切实提高环境监测数据质量，2017年中共中央办公厅、国务院办公厅印发了《关于深化环境监测改革提高环境监测数据质量的意见》（厅字〔2017〕35号），对坚持依法监测、科学监测、诚信监测，切实保障环境监测数据质量作出全面部署，提出要创新机制、健全法规、多措并举、综合防范、明确责任、强化监管。到2020年，全面建立环境监测数据质量保障责任体系，健全环境监测质量管理制度，建立环境监测数据弄虚作假防范和惩治机制，确保环境监测机构和人员独立公正地开展工作，确保环境监测数据全面、准确、客观、真实。

7.1.2 部委和省与地方政府积极贯彻落实中央决策部署

1. 部委制定改革推进实施方案，提出具体要求

生态环境部组织发布的《关于推进生态环境监测体系与监测能力现代化的若干意见（征求意见稿）》明确提出，我国环境监测的目标是经过3～5年的努力，陆海统筹、天地一体、上下协同、信息共享的生态环境监测网络更加完善，政府主导、部门协同、企业履责、社会参与、公众监督的监测格局建立健全，科学、独立、权威、高效的监测体系基本形成，监测数据真、准、全得到有效保证，生态环境监测能力显著增强，生态环境管理和生态文明建设的支撑服务水平明显提升。

2020年6月，生态环境部正式发布《生态环境监测规划纲要（2020—2035年）》，明确提出生态环境监测是生态环境保护的顶梁柱和生命线，其顶层设计和网络规划要先行一步，并以此为基础和依据，抓紧研究编制“十四五”监测规划。要进一步理顺工作机制，把统一负责生态环境监测评估的法定职责落到实处。要组织做好“十四五”国控生态环境监测网点位调整工作。要多措并举，强化生态环境监测的机构队伍、能力建设与运行经费保障。

水利部、中国气象局、农业农村部、自然资源部等多部门共同推进各类环境要素监测，加强部门数据集成共享。水利部组织开展了全国范围水土流失动态监测，掌握了县级行政区及重点区域的水土流失动态变化，并对2017年水利系统开展的水土流失动态监测、省界水体和地下水水质监测成果进行汇总复核，纳入《2017中国生态环境状况公报》。中国气象局启动了大气环境质量预测预警系统、大气污染监管措施评估系统、数据管理与共享服务系统等应用系统建设，并与生态环境部建立了空气质量联合会商机制，准确把握环境空气质量的变化。农业农村部部署开展农业生态环境例行监测，包括农田氮磷及农业废弃物综合利用监测、农产品产地土壤—农产品协同监测和重要渔业水域生态环境监测，推进第二次全国污染源（农业源）普查。自然资源部与生态环境部建立了地下水污染监测信息共享机制。

国家发展改革委、中国气象局、自然资源部等部门支持开展遥感监测，共同推动建立天地一体化的遥感监测系统。国家发展改革委组织完成了相关环境监测卫星的可行性研究立项工作，支持推动卫星遥感监测工作。中国气象局加强了卫星遥感在大气环境监测方面的应用，组织完成了多个科学实验卫星在轨测试、发射和运行。自然资源部组织开展了全覆盖和全天候遥感监测，以监测全国土地利用变化情况。

国家卫健委、国家统计局、国家发展改革委、人力资源和社会保障部（以下简称人社部）等部委积极支持与配合开展相关工作，稳步推进方案落实。国家卫健委持续开展环境健康监测，其中，全国城乡饮用水水质监测覆盖所有县（市、区）和90%的乡镇，空气污染对人群健康影响监测覆盖全国所有省份74个城市的152个监测点，农村环境健康危害因素监测覆盖全国700个县的14 000个村。国家统计局修订完善了《资源环境综合统计报表制度》《绿色发展统计报表制度（试行）》《应对气候变化部门统计报表制度（试行）》等文件，做好部门资料共享与数据发布工作；印发了《2018年公众生态环境满意度调查方案》，为与生态环境监测改革有关的统计工作提供了统计制度方法保障。国家发展改革委联合31个部门印发了《关于对环境保护领域失信生产经营单位及其有关人员开展联合惩戒的合作备案录》，推动建立了环境保护领域失信黑名单制度，建设了全国信用信息共享该平台，将相关环保信用信息纳入该平台，另外还安排预算支持生态环境保护信息化工程。人社部支持举办环境监测相关高级研修项目，会同有关部门指导各级环境监测机构落实环境保护监测津贴。

2. 省与地方政府印发改革文件，负责具体落实

根据《环境保护法》《水法》《水污染防治法》《大气污染防治法》等法律法规和中央、部委的文件规定，省和地方政府也相应地印发改革文件，落实改革任务。

在具体工作层面，县级以上人民政府负责加强对本行政区域内大气、水、农业污染源等方面的环境监测，依法公开环境质量、环境监测信息；负责加强水文、水资源信息系统建设，加强对水资源的动态监测，对水功能区的水质状况、重点污染物排放指标进行监测，负责建设与管理大气环境质量和大气污染源监测网，开展大气环境质量和大气污染源监测，统一发布本行政区域大气环境质量状况信息等工作。

在监测任务行政下达机制方面，改革也发生了调整。在县级层面，县级政府不再单设环境保护局，通过“行政—命令”方式给当地环境保护分局下达监测任务的机制将有所减弱，更多地要通过购买服务的机制获得环境监测服务。在市级层面，市生态环境局对县环境监测站的任务下达机制要加强，而对市环境监测站的任务下达机制要减弱，即县级环境监测站将承担更多的市生态环境局下达的监测任务，市级环境监测站将承担更多的省生态环境厅下达的监测任务。同时，政府购买服务的机制也得到加强。省以下环保管理体制调整后，县级政府不再单设生态环境局和环境监测站，县政府可以通过购买服务的方式，委托原有的县级监测站或市级环境监测站开展应急监测等工作。

在监测数据上报方面，通过监测数据的垂直上报机制，加强了数据的及时性和准确性。一方面，国家环境质量监测网的自动监测数据垂直上报到中国环境监测总站；另一方面，省环境质量监测数据直接由省级环境监测机构负责，也实现了垂直上报。此外，重点排污单位要按照生态环境部门的要求将自行监测结果及时上传，排污企业数据也在一定程度上实现了垂直上报。可见，传统的层层上报环境监测数据的方式正在逐渐发生转变[3]。

7.1.3　生态环境监测服务社会化发展迅速

近年来，生态环境监测服务社会化发展迅速，大批社会监测机构已经进入生态环境监测服务市场，成为承接政府环境保护职能转变、提供环境监测公共服务的重要载体，当前从事检测技术服务的社会环境检测机构主要分为三类，分别为社会环境检测机构、环境监测运维机构和环境监测仪器设备厂商。截至2019年，全国社会环境检测机构超过3 500家，仪器设备超过76万台，资产原值超过415亿元，机构总面积超过1 100万m^2，营业收入超过300亿元，从业人员超过14万人；环境监测仪器行业的从业人数达1.3万人，销售量超过5万台，营业收入突破65亿元；运维机构从业人员约2万人，营业收入约10亿元。生态环境监测体制改革、“放管服”改革有效激发了生态环境监测市场的活力，为经济高质量发展提供了有效助力。

7.1.4　各部门加强对生态环境监测体制改革工作的监督

党的十八大以来，中央层面的环境保护工作，在原有督察排污企业环境守法，即“查企”的基础上，增加了“督政”职责，即上一级生态环境部门经授权可对下一级地方党委和政府的环保履职情况进行监督，同级生态环境部门在同级政府的授权下可对同级负有环保职责的其他政府部门进行监督。根据中共中央办公厅、国务院办公厅印发的《中央生态环境保护督察工作规定》，中央和省级政府能够对下一级党委和政府及其他部门的环保履职实施监督。省级生态环境部门的职责要集中于“督政”和环境质量监管，市级生态环境部门的职责要集中于“查企”和污染源监管。

中组部、国家监察委员会等部门联合依法追责，持续加强党政领导干部考核问责。中组部积极配合开展领导干部自然资源资产离任审计和中央生态环境保护督察，2018年委托审计机关对8个省（市）和2家中央单位的13名主要领导干部开展自然资源资产管理和生态环境保护责任履行情况审计，促使环境监测工作更好地落实；同时，配合生态环境部起草《防范和惩治领导干部不当干预生态环境监测活动管理办法（试行）》，持续加大领导干部生态环境损害责任追究力度。国家监察委员会不断加强生态环境领域监督执纪问责，督促有关省纪委对典型问题核查问责到位，曝光生态环境损害责任追究典型问题。

公安部、国家市场监督管理总局（以下简称市场监管总局）等部门配合推进监测与监管执法联动，切实保障监测数据质量。公安部积极配合开展监测执法，共同研究打击环境监测数据弄虚作假行为，修订发布了最高人民法院、最高人民检察院的司法解释，还及时将监测执法案件查办情况通报同级组织、监察、生态环境等部门。市场监管总局会同生态环境部联合下发了《关于加强生态环境监测机构监督管理工作的通知》（环监测〔2018〕45号），形成了2018年度生态环境监测机构、机动车排放检验机构监督检查的工作方案。

生态环境部建立环境监测数据弄虚作假行为的问责机制。《环境监测数据弄虚作假行为判定及处理办法》（环发〔2015〕175号）规定了环境监测机构及其负责人、环境自动监测设备日常运行维护机构及其负责人要分别对监测数据质量承担相应责任；同时，规定了针对不同主体的行政问责机制，建立司法问责机制。《最高人民法院、最高人民检察院关于办理环境污染刑事案件适用法律若干问题的解释》明确规定，依照《刑法》有关规定，重点排污单位篡改、伪造自动监测数据或者干扰自动监测设施，将被视为“严重污染环境”行为，干扰环境质量监测系统将以

“破坏计算机信息系统罪”论处。

除此之外，公众对良好的生态环境的需求越来越迫切，对政府的要求也越来越高。公众成为生态环境监测体制改革的重要推动力。通过12369环保监督电话、新闻媒体、网络渠道反映出来的社会公众需求也越来越强。

7.1.5 生态环境监测体制改革实施的保障机制

在持续深化地方环境监测体制改革的过程中，各地积极落实垂改文件，发挥主观能动性，出台各项保障措施，争取政策支持，在改革中进一步强化监测体系与能力，明晰各级监测机构的职责定位，目前已取得重要的阶段性成果。例如，广东省实现了省级监测机构升格，明确其对全省驻市监测机构进行业务管理；海南省在改革中实现了人员增编；江苏省通过实行以省级为主、市级补助的经费保障模式，持续加强监测能力建设；福建省专门协调相关部门，保障了厦门市改革后人员待遇不降低；湖南省明确由省级监测机构统一管理驻市监测机构的人员、业务与经费。

7.2 我国生态环境监测体制改革的主要成效

7.2.1 环境监测简政放权加快推进

为有序开放环境监测领域，稳妥推进政府向社会购买环境监测服务等，2015年环境保护部印发了《关于推进环境监测服务社会化的指导意见》（环发〔2015〕20号），鼓励地方积极探索、积累经验，组织吉林、上海、江苏、浙江、山东、广东和云南7个省（市）开展环境监测服务社会化试点工作，环境监测市场得到迅猛发展。一是积极落实《生态环境监测网络建设方案》提出的“在基础公益性监测领域积极推进政府购买服务”的要求。在国家生态环境监测事权上收过程中，推进政府购买监测服务，在空气监测站建设运行维护、地表水自动监测运行维护、采测分离监测、外部质量监督检查等方面积极推进购买服务，鼓励社会监测机构参与环境质量监测工作。在全国生态监测与评价工作中，遥感监测影像收集处理、生态类型解译等工作开始委托给第三方开展，2017年实现全面委托。二是开放服务性监测市场，让社会环境检测机构全面参与企业自行监测、在线监控设施运维、监督性监测、环保验收监测、环境影响评价现状监测等环境监测活动。目前，大部分重点排污单位由于自行监测能力不足，多数委托社会第三方检测机构开展自行监测工作。污染源自动监测设施运行维护工作基本上由第三方机构承担，如河北、安徽、山东、广东等部分地区通过政府统一招标的形式委托运维公司开展区域内自动监测设备维护工作，提升了污染源自动监测系统运维管理水平[4]。

7.2.2 环保垂改基本完成

环保垂改是党中央为破解地方保护主义对环境监测的非法干预，解决监测数据弄虚作假而做出的战略部署，旨在通过改革原有管理体制，实行“谁考核、谁监测”，以确保生态环境监测的独立、公正、权威，从而保证监测数据真实、可靠。截至2019年7月，除新疆维吾尔自治区外，其他各省（区、市）均已印发垂改实施方案，全国环保垂改取得了重要的阶段性成果。部分地方结合当地实际切实从机制上解决了垂改中遇到的突出问题，一些经验值得借鉴推广。

一是在事业单位整合过程中将生态环境监测机构独立设置。例如，辽宁省在地方事业单位改革方案中将11个事业单位整合为一个单位，省环境监测实验中心位列其中。在垂改过程中，辽宁省委、省政府考虑到生态环境监测的重要性和监测机构体系的科学性，决定将省本级的生态环境监测机构单列。辽宁省的做法为防止因省级生态环境监测机构与其他单位合并设置而影响监测体系的上下贯通性提供了正面示范。

二是在省级生态环境监测机构升格、人员增编上创新机制。例如，广东省生态环境厅在环保垂改中，积极争取以省监测中心为基础成立副局级生态环境监测机构，以对全省驻市监测机构进行业务管理，该改革方案于2018年年底上报中央编办，2019年6月正式获得批复，机构名称为广东省生态环境监测中心，由正处级升格为副厅级。海南省生态环境监测中心在环保垂改中，在一开始海南省编办表示无编可增的情况下反复向省编办提出申请，并取得了省委主要领导的支持。海南省编办于2019年6月18日正式批复，剥离省环境科学研究院（省环境监测中心站，原有编制92名）的生态环境监测职能，单独设立海南省生态环境监测中心，新增事业编制人员228名，核定编制数增至240名，并增加内设机构8个。

三是在工作机制上创新思路，主动服务。环保垂改后，驻市生态环境监测机构既承担所在市的生态环境质量监测、考核任务，又主动为市县两级环境管理提供技术支撑，同时为市县两级环境监测任务的落实补位。江苏省在环保垂改实施方案中明确提出，“省环境保护厅驻市环境监测机构要主动加强与属地环保部门的协调联动，参加其相关会议，为市县两级环境管理、执法、监测提供支持。目前未设置环境监测机构和环境监测机构能力不足的县（市、区），其环境监测任务由设区市环境保护局整合现有县级环境监测机构承担，或由省环境保护厅驻市环境监测机构协助承担。”从业务运转情况来看，实际效果较好。

四是在人员待遇上多方协调，确保不降。环保垂改中，因大部分省会城市、副省级城市高于省属机构的待遇，上划人员待遇大幅下降问题得不到解决，成为垂改推进的一大难点。为保证地市生态环境监测机构人员上划后工资待遇不下降，福建省生态环境厅高度重视，由厅长带队，反复与厦门市政府及有关部门沟通协调，最终厦门市政府给予大力支持，正式发文明确对本次垂改上划的厦门市监测人员工资差额进行补差，工资待遇问题得到妥善处理。福建省环境监测中心站还协调解决了驻市站资产分割、工作经费保障、监测数据对接等问题，基本实现了“人员确保到位、机构确保运行、监测确保开展、各项工作全面落实”的目标，确保了各项监测业务工作的平稳过渡。

7.2.3 环境监测数据质量保障机制不断完善

生态环境部积极落实贯彻中共中央办公厅、国务院办公厅印发的《关于深化环境监测改革提高环境监测数据质量的意见》，不断完善生态环境数据质量保障机制，数据质量得到显著提高，政府信息的权威性有所增强。一是建立了由国家环境监测数据质控平台、区域质控中心、生态环境监测和运维机构组成的国家环境监测三级质控体系，初步实现了环境质量监测活动的全要素溯源传递和全过程质量控制；同时，与中国计量科学研究院开展战略合作，共同推进环境监测量值溯源体系建设。二是开展了40余种在线、便携监测专用仪器设备的适用性检测，规范和保障仪器设备的性能质量，实现了环境监测数据质量仪器设备的“源头质控”。三是形成了覆盖主要领域的监测类标准1 141项，占国家环境保护标准总数的59%，构建了国家—区域—机构三级质控体系并有效运转，确保了监测活动有章可循。

此外，生态环境部还加大了对环境监测数据弄虚作假行为的检查和处罚力度。先后与公安部、市场监管总局、国家认证认可监督管理委员会建立了多部门联动监督管理机制，提高了生态环境监测机构监测、检测水平。按照《生态环境监测质量监督检查三年行动计划（2018—2020年）》（环办监测函〔2018〕793号）的要求，对生态环境监测机构、排污单位、运维机构开展监督检查；配合最高人民法院、最高人民检察院出台司法解释，将环境监测数据弄虚作假行为入刑；不断强化外部质量监督检查，2019年及时发现并严肃查处了西安和临汾两起环境数据造假案，对地方不当干预和监测数据弄虚作假形成有力震慑，推动了生态环境监测市场的规范化，监测数据质量发生了根本性转变。

7.2.4　公众参与环境保护的能力增强

当前，我国已实现各类生态环境监测信息的公开发布。全国地级市及以上城市空气质量监测、重要河流流域和生活饮用水水源地水质监测、重点污染源监测、海洋生态环境监测等各类信息已实现统一发布，发布内容更加丰富，发布流程更加规范，发布渠道更加多样，充分运用微信、微博、手机App等新媒体平台发布环境监测数据与信息产品，不断满足公众环境知情权、参与权、监督权。在国家层面，全国338个地级及以上城市1 436个环境空气自动监测站的监测数据和环境空气质量指数（AQI）通过全国城市空气质量信息发布平台实时发布，国控水质自动监测站实时监测数据通过生态环境部网站实时向社会发布，全国地级市及以上城市按月公开集中式生活饮用水水源水质监测信息，海洋生态环境信息通过《中国海洋生态环境状况公报》《海水浴场水质周报》等实现统一发布，国家统一建设了全国重点污染源监测数据管理与信息公开平台，实现了全国重点排污企业自行监测与生态环境部门监督性监测数据的采集与及时发布。地方层面，各省（区、市）通过不同形式和途径加强本行政区内各类生态环境监测信息的发布，不断完善信息公开制度，着力保障社会公众的环境知情权和监督权。

7.2.5 数据应用有效支撑了污染防治行动计划

生态环境监测数据逐步实现各级各类联网共享。目前，我国生态环境各类数据基本实现了跨部门信息共享机制，结合生态环境保护信息化工程项目，生态环境部已与工业和信息化部、自然资源部、住建部、水利部、农业农村部、市场监管总局、国家林草局、中国气象局、国家海洋局9个部委签署信息共享协议，共涉及327类数据，其中，生态环境部133类、工业和信息化部4类、自然资源部28类、住建部7类、水利部23类、农业农村部68类、市场监管总局16类、国家林草局17类、中国气象局8类、国家海洋局23类。目前，我国大气和水环境质量监测、污染源监测、生态状况监测等各类监测数据正在逐步实现国家—省—市—县各层级互联共享。在环境质量监测数据联网共享方面，在现行国控空气、地表水监测点位（断面）数据联网共享的基础上，进一步将各省（区、市）生态环境部门组织开展的非国控空气、地表水监测数据统一与中国环境监测总站进行联网，实现国家、省、市、县四级监测数据的互通互联、共享共用。目前，京津冀及周边地区、长三角地区、珠三角地区等1 000多个县级空气质量自动监测站的数据已实现与国家联网，为空气质量精确预报、加密分析、区域大气污染联防联治等工作提供了坚强支撑。根据中国环境监测总站印发的《关于开展非国控水质监测数据联网工作的通知》（环办监测〔2017〕3号）要求，我国于2018年4月实现了各省地表水非国控手工监测断面（点位）向中国环境监测总站的每月稳定传输。在海洋监测数据方面，通过整合海洋生态环境监测数据，建立了统一的海洋生态环境监测数据平台，实现了海洋生态环境信息的互联互通、共享共用。在污染源监测数据联网共享方面，全面推进污染源监测管理的信息化、规范化、精细化，围绕排污许可制的实施，建立了全国污染源监测管理与信息共享平台，印发了《关于做好全国重点污染源监测数据管理与信息公开平台联网工作的通知》，基本实现了全国重点污染源监测信息的全国联网和信息集成共享，并督促国家重点监控排污单位保障污染源自动监控系统稳定运行，与生态环境部门联网；同时，生态环境部与地方生态环境部门积极开展各类环境监管数据联网报送和数据汇交工作。

7.3 生态环境监测体制改革面临的突出问题和原因

7.3.1 生态环境监测体制改革面临的问题

当前，我国生态环境监测体制改革面临的问题集中表现在部门与部门之间、地方与政府之间、政府与市场之间管理体制的不顺。

1. 统一的生态环境监测网络建设进展较为缓慢

虽然机构改革强化了生态环境监测、评估的职能统一与资源整合，但部门间生态环境监测网络建设统筹协调推进的难度较大，地表水断面与水功能区、地下水监测等网络整合与功能融合尚在推进之中，各部门分头规划、点位不同、重复建设的现象依然存在，全国“一张网”并未完全实现。部门间数据共享的壁垒尚未完全打通。尽管当前法律法规中有不少关于各部门监测数据共享的规定，但这些规定较为抽象和笼统，操作层面无从下手，面对部门间的信息壁垒，目前主要依靠行政协调、签订数据共享备忘录等“一事一议”的方式实现暂时、有限的信息共享，部门间信息共享的长效机制尚未真正形成。一些部门虽制定了信息公开共享的管理办法，但数据公开共享的范围、方式、时效性都存在局限[5]。此外，一些部门对哪些数据需按照《中华人民共和国保守国家秘密法》的规定进行管理尚不明确，在一定程度上也影响了信息公开共享。

2. 地方生态环境监测体制改革有待进一步完善

当前，生态环境监测垂改方案正在不断细化落实，由于这场改革时间紧、任务重，各地的改革举措、进展也略有差异，改革中暴露了一些问题，这些问题有的与垂改相关，有的在垂改前就已暴露。

一是有的地方监测机构设置不合理导致能力下降。有的地方在改革中将地市监测机构一分为二，一半上收到省厅作为驻市监测机构，主要从事环境质量监测工作，另一半保留在当地，服务于当地生态环境管理。这种“一分为二”的做法，导致仪器设备、实验室共享共用及监测机构资质认定面临困难。

二是改革后有的地方出现了人员发展受限、工资待遇降低的情况。市级监测机构上划到省厅后，职工原有的技术职称晋升空间被压缩，人才交流、干部晋升渠道收窄，一些发达地市改革后出现了职工工资待遇下降，个别地方改革中还出现了工资停发、社保医保断交等现象，职工意见较大，导致一些在编技术骨干和经验丰富的编外人员流失。

三是改革后有的地方出现职责不清、人浮于事的现象。垂改文件中明确驻市监测站负责环境质量监测，而事权上收改革后，部分地方环境质量监测由省级监测站统一委托社会监测机构开展，原有的监督性监测也下放到市级监测站，这就导致驻市监测站出现人浮于事的现象，造成了人力资源的浪费。

四是有的地方县级监测站借调现象严重、能力薄弱，难以支撑执法监测职能。县级监测站能力整体较弱，部分区县监测站尚未通过计量认证甚至没有监测机构。全国县级监测站普遍存在借调现象，人员大量借调到县环境局或其他部门，导致很多监测站常年只有两三个人在岗，现有监测业务已经疲于应付，而垂改后将执法监测下沉到县级监测站，以县级监测站现有的人员与能力根本无法满足职能要求。

3. 协调发展政府和社会环境监测力量面临两难困境

生态环境监测行业近几年发展迅猛，但目前还处于起步阶段，社会环境检测机构整体服务水平和能力还有些滞后，弄虚作假的现象时有发生，劣币驱逐良币的现象严重，环境监测市场秩序的维护面临挑战。

一是政府对环境监测市场的监管滞后。各类社会环境检测机构在计量认证等方面受市场监管总局的统一监管，而当这些机构提供专业化的环境监测服务时，又受生态环境、水利等部门的专业监管。目前，这个环节存在3个突出问题：①生态环境、水利等专业监管部门与市场监管总局等综合监管部门在对社会环境检测机构行使监管职能时出现了一些不协调情况；②专业监管部门缺乏对社会环境检测机构行使监管权力的法律依据；③在简政放权的背景下，在不允许通过设置行政许可管理社会环境检测机构的同时，专业部门也尚未健全政府采购环境监测服务的规则体系。

二是提高排污单位自行监测数据质量难度较大。排污企业依法开展自行监测大多是不得已而为之，对监测数据质量控制缺乏内生动力。我国现有法律法规要求企业对自身排污状况开展监测，但这些要求分散在不同的法律规定中，且规定内容过于笼统，往往是仅提出要开展自行监测，但对如何确定监测项目、监测频次、监测方法没有规定，缺乏可操作性，对企业自行监测的监管要求也不够完善，对违规的责任也没有明确规定。

三是监测数据的保密规定及法律效力不明确。部分水域的水质信息属于敏感信息，如果监测工作由第三方开展，数据保密得不到充分保障。由于缺少法律授权，地方生态环境部门对社会环境检测机构缺乏监管依据，存在权责不清、定位不明、准入门槛过低、退出机制不完善、跨界监管难等一系列问题。

4. 我国在推行企业排污信息公开制度上与西方国家尚有差距

西方国家早在20世纪80年代就实行了工业企业排污信息公开制度，要求企业每月公布其污染物排放量，并与前一个月的数据进行比较，这些信息便于政府和公众对同类企业不同工厂的排污量进行比较，因此大大发挥了促进企业减少污染物排放的作用。信息公开制度将对推动工业企业推行清洁生产、循环经济和生态工业，大力减少污染物排放产生巨大的作用。

7.3.2 生态环境监测体制改革存在问题的原因

1. 建设统一的生态环境监测体系缺乏具体的法律保障

《环境保护法》明确规定，“国家建立、健全环境监测制度。国务院环境保护主管部门制定监测规范，会同有关部门组织监测网络，统一规划国家环境质量监测站（点）的设置，建立监测数据共享机制，加强对环境监测的管理。”这项条款初步确定了我国环境监测的地位、作用及管理体制。但与其相衔接的各项环境监测法律法规仍然欠缺，整体法律体系的支撑能力不足，而且现行生态环境类法律法规不能全面、系统、完整地体现中央改革精神，涉及生态环境监测的内容表述含糊、概念繁杂，亟须权威的法律解释。生态环境监测条例作为完善生态环境监测法律体系的关键尚未出台，导致统一的生态环境监测网络建设进展缓慢，制约了生态环境监测事业发展。

2. 地方政府监测机构人员激励保障机制亟待完善

政府监测机构人员保障不足主要体现在人员编制不足和专业素质参差不齐两个方面。一方面，环境监测机构的人员编制规模远不能满足迅猛增长的环境监测任务需求，任务总量逐年上升，但监测机构人员编制并无明显增加。在此情况下，环境监测站不得不通过聘用、劳务派遣等方式使用大量编制外人员。另一方面，环境监测机构的人员专业素质参差不齐，从中央到地方各级环境监测机构的专业人员比重依次降低。高学历的环境监测专业人员大多集中在中央和省级环境监测站，县级环境监测站的专业技术人员偏少。

政府监测机构人员激励机制不足主要体现在晋升通道窄、工资收入低、履职风险大等方面。一是不同地区的环境监测机构属性不同，随着我国事业单位改革的推进，全国环境监测机构的属性也在调整。总体来看，全国大多数环境监测机构为公益一类事业单位，同时也存在参公管理、公益二类或自收自支事业单位。总体来看，与同级政府直属的环境监察机构相比，环境监测机构的行政级别往往较低，政府环境监测站人员的技术职称评聘受评审资格、岗位设置、职称比例等条件所限，在一定程度上影响了环境监测人员的职业发展，人员晋升通道窄。二是随着事业单位改革，不少环境监测机构都被界定为公益一类事业单位，不再允许开展社会环境监测服务，面临着一定的骨干技术人员流失压力。三是符合当前新要求的生态环境监测管理和技术人才十分匮乏，对新型监测人才的培养缺乏顶层设计、长远规划和制度安排，选人用人机制有待完善、视野有待拓宽、措施有待创新，如何有效激励监测人员的积极性仍是挑战。与此同时，面对新赋予的职责与使命，环境监测机构的廉政风险评估与防控机制尚不健全。

3. 对社会环境检测机构的约束机制欠缺

生态环境监测市场不规范主要由于两方面因素。

一是政府与市场边界尚不明晰。《关于推进环境监测服务社会化的指导意见》中虽然明确了全面放开服务性监测市场，有序放开公益性、监督性监测领域，但是政府与市场的边界依然不明确，还没有完全做到能放就放，市场活力没有得到真正激发，公共资源没有得到最优配置。

二是社会环境检测机构的规范化管理缺乏法规制度保障。《中华人民共和国计量法》《工商行政管理所条例》《国务院办公厅关于政府向社会力量购买服务的指导意见》《关于促进市场公平竞争维护市场正常秩序的若干意见》《关于推进环境监测服务社会化的指导意见》等法律规范及规范性文件都从某一方面对监测社会化、社会环境检测机构的规范发展做了总体规定，但在操作层面上缺少具体可行的规章制度。由于相关法律体系尚不完善，监测市场的监管存在真空和空白地带，社会环境检测机构的业务活动缺乏有效规范及管理，在市场准入、收费标准及监管、质量控制和质量保证等方面也缺少监管手段，亟须建立和完善相应的管理制度。在政府职能转变、减少行政审批的大背景下，对社会环境检测机构的监管遇到政策窘境。严格控制新设行政审批事项是简政放权的必然要求，但要实行监测社会化，保证参与其中的社会环境检测机构能够出真数、出准数，就必须创新监管政策和措施办法。

7.4 完善生态环境监测体制改革实施机制的政策建议

1. 贯彻落实中央改革部署，推进改革举措落地生效

生态环境监测网络建设取得的成效表明，中央关于生态环境监测网络建设总体部署的思路和方向是正确的，下一步需继续按照中央的改革指示精神，坚定改革信心，统一思想，认真落实改革举措。全面贯彻落实习近平新时代中国特色社会主义思想和习近平生态文明思想，以建设美国中国为目标，加快推进生态文明建设，以深化生态环境监测体制改革为动力，加快建设现代化的生态环境监测体系。

2. 健全各部门职责分工

进一步理顺中央和地方的生态环境监测事权关系，政府和市场的职责边界，调动领导干部、排污企业、监测机构等主体的改革积极性。建立各部门生态环境监测事权清单，以地表水、土壤、地下水、生态、海洋等领域为重点，进一步划清部门间的监测职责边界，实现不同政府职能部门监测职能的合理、科学划分，中央要承担更多的生态环境质量监测与区域、流域性监测。厘清政府与市场的职责边界，市场能做的都交给市场，外部性、公益性的监测服务仍然由政府提供。政府干不了、干不好、干得低效的领域应积极引入市场竞争机制。

3. 整合生态环境质量监测网络，加强部门沟通，统筹协调发展

以推动生态环境监测条例出台为重点，健全生态环境监测法律体系，将改革文件中的相关要求通过法律条文固化，并对生态环境监测的法律地位、职能任务、网络建设、质量监管、信息公开等做出界定和规范，将生态环境管理所需的各项监测技术支撑服务全面落到实处，确保做到依法监测。加强生态环境部门与自然资源、水利、农业农村、气象、科技等部门，以及中科院、高等院校等科研机构的沟通交流，建立长效合作机制。以支撑统一行使生态和城乡各类污染排放监管及行政执法职责为导向，以确保生态环境监测数据“真、准、全”为根本，整合目前分散在各部门的涉及环境空气、地表水、地下水、土壤等不同要素的多个生态环境质量监测网络，形成一张覆盖山水林田湖草的国家生态环境质量监测网，由中央统一管理、统一监测、统一发布信息，真正满足“国家全面考核、国家全面监测”的要求。

4. 培育生态环境监测市场，加强政府引导和监管

在促进政府环境监测机构转型发展的同时，继续培育环境检测市场，发挥环境监测行业协会的作用，提高行业自律水平。加大对社会环境检测机构的监管。明确环保、市场监管等部门对生态环境监测市场的监管职责，赋予各主体行使监管权力的必要保障。建立常态化的多部门统一监管协作机制。及时总结地方对社会环境检测机构的监管经验，建立全国统一的社会环境检测机构管理办法。

5. 建立环境监测机构编制标准，重塑人员激励机制

解决环境监测机构人员动力不足的问题，努力打造一支精干的、必不可少的政府环境监测队伍。推进环境监测机构编制标准工作，提高人员编制使用效率，优化基层环境监测机构的人员结构。中央和地方各级财政继续加大资金保障，尤其应加大对县级环境监测机构的财政支持，提高环境监测人员的工资待遇。探索建立监测师制度。

参考文献

[1] 王海芹，高世楫 . 我国绿色发展萌芽、起步与政策演进：若干阶段性特征观察 [J] . 改革，2016 (3)：6-26.

[2] 丁中元 . 风雨同舟四十年——环境监测侧记 [M] . 北京：中国环境出版社，2016.

[3] 王海芹，苏利阳 . 环境空气质量监测体制改革的对策选择 [J] . 改革，2014 (10)：136-142.

[4] 宋国君，等 . 论我国污染源监测管理的改革 [J] . 环境保护，2015，43 (20)：36-39.

[5] 王海芹，程会强，高世楫 . 统筹建立生态环境监测网络体系的思考与建议 [J] . 环境保护，2015，43 (20)：24-29.

第8章

完善生态文明法律体系

XINSHIDAI SHENGTAI WENMING CONGSHU

8.1 完善生态文明法律体系的时代背景

生态文明建设是关系中华民族永续发展的根本大计，社会主义法治是制度之治最基本、最稳定、最可靠的保障。在一般意义上，生态文明法律体系是指促进和保障生态文明建设的各类立法及其法律规范所构成的有机整体。当前，在协同推进包括生态文明建设在内的“五位一体”总体布局与包括全面依法治国在内的“四个全面”战略布局的新形势下，完善生态环境保护法律体系有着鲜明的时代背景。

8.1.1 社会主要矛盾已经发生深刻变化

“中国特色社会主义进入新时代，我国社会主要矛盾已经转化为人民日益增长的美好生活需要和不平衡不充分的发展之间的矛盾。”这是党的十九大报告中最大、最根本的理论创新。与旧的社会主要矛盾相比，新的社会主要矛盾仍属于“需要”与“生产”之间矛盾的范畴。虽然矛盾的根本属性并未转变，但其基本内涵已产生了显著变化。其中，用“人民日益增长的美好生活需要”取代“人民日益增长的物质文化需要”，体现了新时代主体性需求的多样性和层次性，揭示出人的自由而全面发展这一终极诉求；用“不平衡不充分的发展”取代“落后的社会生产力”，反映出新时代经济社会已由高速度发展向高质量发展过渡，发展方式具有的公平性与可持续性得以凸显。

社会主要矛盾体现在社会生活的诸多领域，只有综合运用行政、经济、法律、科技、道德等各种工具手段，才可能实现矛盾的有效化解。其中，法律因其规范性、权威性、强制性、程序性、公开性、普遍性等显著特点，日益成为定纷止争之法宝、治国理政之重器。公民可以运用法律行使权力、保障自由、追求平等、获得救济，国家可以通过法律指引行为、调整关系、实施管理、建构秩序。

在生态文明领域，社会主要矛盾集中体现为人民日益增长的优美生态环境需要与不平衡、不充分的优质生态产品供给之间的矛盾。“优质生态产品供给”不平衡、不充分的一个典型例子是自然保护地管理。当前，我国的自然保护地体系建设缺乏全面系统的顶层设计，保护地类型、规模与数量较少，定位模糊、区域重叠、多头管理、资金缺位等问题突出，难以满足普遍保护与公民游憩的双重需求。这些现象作为生态文明领域社会主要矛盾的具体体现，需要通过相关法律的立改废释加以化解。为此，十三届全国人大常委会的立法规划将制定《国家公园法》列为第二类项目[1]，加强自然保护地法律保障重新[2]被提上议事日程。

8.1.2 习近平生态文明思想和习近平法治思想的创新引领

党的十八大以来，习近平总书记以其强国兴邦的使命担当、纵览风云的时代视野、锐意创新的战略勇气，划时代地提出了一系列新思想、新理念、新论断、新战略、新命题、新范畴，为建成富强民主文明和谐美丽的社会主义现代化强国谱写了波澜壮阔的“生态文明篇章”。作为习近平新时代中国特色社会主义思想的重要组成部分，习近平生态文明思想的最新成果集中体现在2018年5月习近平总书记在全国生态环境保护大会上发表的重要讲话中。该讲话首次旗帜鲜明地提出新时代推进生态文明建设必须坚持的六大原则与需要加快构建的五大生态文明体系，具有极为丰富的法学意蕴。

在习近平生态文明思想提出的六大原则中，“绿水青山就是金山银山”是对环境保护和经济发展之间辩证统一关系的科学总结与高度概括。如何保障和促进绿色发展，特别是如何通过权利（力）、义务、责任的合理配置构建一套系统完整的生态产品价值实现体系，正逐步成为新时代生态文明法律体系的关键目标导向之一。为此，应当强化国土空间开发保护、绿色生产和绿色消费、绿色技术创新等领域的法治建设，推动形成顺应生态文明的空间格局、产业结构、生产方式、生活方式。“良好生态环境是最普惠的民生福祉”指出了生态文明法律体系的核心价值追求，即维护社会公众的环境权益。虽然生态文明法律体系以解决环境问题为直接目的，但是不能采取“见物不见人”的立场，而应当始终坚持以人为本，重视公众对生态环境的正当诉求，致力于实现生态惠民、生态利民、生态为民。当前，对环境利益

---

[1] 列入第二类项目的是需要抓紧工作、在条件成熟时提请审议的法律草案。

[2] 第十届全国人大常委会的立法规划曾将制定自然保护区法列入第二类项目，后来这部法律并未出台。

的法律认知还不充分，环境权也尚未正式成为一项法定权利，公众环境权益的法律保护任重道远。“山水林田湖草是生命共同体”要求从全方位、全地域、全过程建设生态文明，集中反映了综合生态系统管理的法律理念。“全方位”就是要推进“地上和地下”“岸上和岸下”“陆地和海洋”“城市和农村”的一体化发展，“全地域”就是要强化国土空间和自然保护区域的整体性治理，“全过程”就是要建立源头严防、过程严管、后果严惩的系统规制体系。为此，应当着力完善规划、名录、红线、总量控制、用途管制等总行为控制法律制度。

2020年11月16—17日，中央全面依法治国工作会议召开，其重大成果是确立了习近平法治思想，明确了习近平法治思想在全面依法治国工作中的指导地位。习近平法治思想内涵丰富、论述深刻、逻辑严密、系统完备，为全面依法治国提供了根本遵循和行动指南。在该会议上，习近平总书记对当前和今后一个时期推进全面依法治国要重点抓好的工作提出了11个方面的要求，即“十一个坚持”。习近平法治思想这“十一个坚持”与习近平生态文明思想的“六大原则”交相辉映，对于完善环境保护法律体系具有十分重要的指导意义。例如，“坚持以人民为中心”强调积极回应人民群众的新要求、新期待，系统研究谋划和解决法治领域人民群众反映强烈的突出问题，不断增强人民群众的获得感、幸福感、安全感，与“良好生态环境是最普惠的民生福祉”不谋而合；“坚持在法治轨道上推进国家治理体系和治理能力现代化”强调更好地发挥法治固根本、稳预期、利长远的重要作用，正是“用最严格制度最严密法治保护生态环境”的题中之义。

8.1.3 生态文明改革实践的深入开展[1]

习近平总书记曾将全面深化改革与全面推进依法治国比作“鸟之两翼”“车之双轮”，这一比喻符合我国当前实际，可谓切中肯綮。全面深化改革需要法治保障，全面推进依法治国也需要深化改革。在生态文明建设的进程中，改革与法治的辩证统一同样贯穿始终，即在法治下推进改革，通过改革来完善法治。

改革与法治在很大程度上依然存在一些冲突。改革往往要求冲破枷锁，改变规则，追求实效，勇于试错和创新；法治一般需要保证稳定，维护规则，寻求秩序，在成熟的制度下进行治理。在相当长的一段时间内，法治的主要价值在于“确认改革成果”“服务改革大局”，显现出工具主义的色彩。在当前新的时期和转型阶段，特别是党的十八届四中全会通过的《中共中央关于全面推进依法治国若干重大问题的决定》中明确提出，“实现立法和改革决策相衔接，做到重大改革于法有据、立法主动适应改革和经济社会发展需要。”这为重新审视生态文明领域改革与法治的辩证关系创造了机遇，也带来了挑战。

近年来，中央各部委主导推进的各级各类地方试点已成为常态化的生态文明改革方式。切实推动地方落实有关中央决策，及时总结并反馈地方实践的经验教训是当前十分紧迫的一项任务。不过需要深刻认识到，试点地方针对某些改革举措采取的“先行先试”往往关乎对重大权利（力）、义务和责任的初次分配或再分配，涉及对现有法律规定的突破。根据《立法法》第十三条关于根据改革发展需要暂时调整或者暂时停止部分法律适用的规定，这种情况应当获得全国人大及其常委会的特别授权。现实中，除了少数如检察机关提起公益诉讼试点获得相应授权的例子，生态文明改革领域依然存在大量的“良性违法”[1]现象。

应当认识到，改革的目的虽好，若程序和形式违法，或者不能通过法律方式获得一定程度上的改革共识，都是不足取的。事实上，无论是中央层面还是地方层面，调动和利用现有法治资源的意愿与能力都存在很大的提升空间。现实中，政策驱动型改革虽然可以高效、便利、迅速地回应社会需求，但随着实践的进一步深入，如何通过法治思维和法治方式对其加以制度化、规范化，仍是一项亟待解决的重要课题。

8.1.4 生态文明有关表述写入《宪法修正案》[2]

《宪法》之所以是一国的根本大法，在于其规定了国家生活中的根本问题，具有最高的法律效力，因而制定和修改程序也更为严格。时隔64年之后，2018年3月

[1] 所谓“良性违法”，可以理解为一些政府部门本着良好的意愿初衷，制定与法律相冲突的政策，或制定与法律相冲突的改革方案，或为执行上级指示而违法的行为。

由十三届全国人大一次会议通过的第五次《宪法修正案》，无疑具有十分丰富的时代意蕴和极为重大的现实价值。本次宪法修改亮点很多，其中之一就是增加了有关生态文明的一系列表述。建设生态文明是事关中华民族永续发展的千年大计，也是中国对人类文明和发展观做出的一次伟大贡献。党的十八大已经将生态文明写入了党章。本次生态文明写入《宪法修正案》，标志着生态文明建设已由党的主张正式上升为国家意志，其作为我国执政理念和国家战略的重要地位将不可动摇，生态文明法治建设开始迈向宪法化的崭新阶段。

具体来看，在本次修改涉及的二十二条修正案中，直接体现生态文明内涵的主要有两处。第一处是第三十二条，即在序言的第七自然段中，为贯彻新发展理念，将生态文明作为与物质文明、政治文明、精神文明、社会文明协调发展的重要方面，并将美丽作为除富强、民主、文明、和谐以外建设社会主义现代化强国的核心目标。这是对《宪法》国家目标条款的一次扩展和完善，具有基础性、全局性的规范指导价值。从本质上看，国家目标条款不是单纯的政治性宣示，而是具备最高位阶的宪法义务性规范，其通过指示特定的国家发展方向和任务要求一切国家权力机关负担相应义务。诚然，当前《宪法》序言的效力问题还存在学术争议，但从事实和政治的角度观之，《宪法》序言对其正文具有统领性和指导性作用，正文的具体规定是序言规定的价值与原则的具体化和条文化，序言的效力在整体上应得到承认。

第二处是第四十六条，即在《宪法》第三章“国家机构”的第八十九条第六项中，将领导和管理生态文明建设增加为国务院的职权事项。“宪法”的原始含义是“组织机构”，因而其必要组成的一个部分就是国家机构的设置及其权利与义务的配置。国务院作为我国的中央政府，将生态文明建设明确纳入其职权范围，是在具体的国家机构规范中呼应具有全局性质的国家目标规范的变化。更明确地说，增加这一表述旨在强调国务院应当在依法行政的过程中，将生态文明建设作为一项明确的宪定义务加以积极落实。在很大程度上，领导和管理生态文明建设不仅是环境与自然资源保护特定领域的专业行政问题，而且开始成为实现生态文明领域相关管理职能全覆盖的公共行政问题。该条款变化的重要性可见一斑。

8.2 生态文明法律体系的现状考察

从1979年颁布的《环境保护法（试行）》算起，我国的生态环境保护立法已走过了40多年的历程，其迅猛的发展速度及展现出的生机活力令世人为之瞩目，特别是党的十八大以来取得了历史性成绩。当前，以“环境宪法”为根基，30余部法律为主干，囊括近50部行政法规、上百部部门规章、逾千部地方性法规和规章，涵盖污染防治、生态保护、自然资源开发保护、能源管理、清洁生产和循环经济发展、流域治理等诸多领域的环境保护法律体系框架已经建立，成为中国特色社会主义法律体系的重要组成部分。其中，狭义的环境保护法律作为“环境宪法”具体化的首要方式，是制定其他层级立法的直接依据，也是环境保护法律体系的核心组成部分。

8.2.1 环境保护法律制度体系架构形成

《环境保护法》作为一部基础性、综合性的法律，明确了我国环境保护法制的目的（保护改善环境的直接目的、保障公众健康与促进经济社会可持续发展的二元终极目的）、基本法律原则（保护优先、预防、环境责任、公众参与）、基本行政管理体制（国务院统一领导、生态环境部门统一监管、各部门分工负责、地方政府分级负责）、重要法律制度（环境规划、环境影响评价、环境标准、环境监测、环境信息公开、突发环境事件应急管理、环境公益诉讼等）、主要法律责任（环境行政责任、环境侵权责任等）等内容。

在此基础上，以《中华人民共和国环境影响评价法》为典型的专项制度法律，由《生态环境标准管理办法》《环境保护公众参与办法》《环境信息公开办法（试行）》《环境监察办法》等部门规章为主体构成的生态环境保护制度体系正逐步完善。2020年2月，《生态环境监测条例（草案）》由生态环境部部务会议审议并原则通过，也颇具典型意义。值得注意的是，环境侵权和环境公益诉讼主要借助《中华人民共和国侵权责任法》、《中华人民共和国民事诉讼法》（以下简称《民事诉讼法》）、《中华人民共和国行政诉讼法》（以下简称《行政诉讼法》）、《民法典》（侵权责任编）及一系列司法解释逐步发展完善起来。

8.2.2　污染防治立法较为齐备

污染防治法是环境保护法的传统领域，也是发展最为成熟的领域。长期以来，污染防治法在全面推进生态文明建设、坚决打好污染防治攻坚战的进程中发挥了重要作用，成效显著。其内部具有污染介质与污染因子两个基本划分标准：根据污染介质不同，可以划分为大气污染防治法、水（包括河流、湖泊等地表水与地下水、海洋等）污染防治法、土壤污染防治法等子类型；根据污染因子不同，可以划分为固体废物、化学品污染等物质性污染防治法和放射性、噪声、电磁辐射、光污染等能量性污染防治法两大子类型。

2018年7月通过的《全国人民代表大会常务委员会关于全面加强生态环境保护　依法推动打好污染防治攻坚战的决议》明确指出，进一步完善大气、水等污染防治法律制度，建立健全覆盖水、气、声、渣、光等各种环境污染要素的法律规范，构建科学严密、系统完善的污染防治法律制度体系。目前，可归入环境污染防治单行法律的有《水污染防治法》、《大气污染防治法》、《土壤污染防治法》、《中华人民共和国环境噪声污染防治法》、《中华人民共和国固体废物污染环境防治法》（以下简称《固体废物污染环境防治法》）、《中华人民共和国放射性污染防治法》（以下简称《放射性污染防治法》）、《中华人民共和国海洋环境保护法》（以下简称《海洋环境保护法》）、《中华人民共和国环境保护税法》。其中，2018年8月《土壤污染防治法》的制定和2020年4月《固体废物污染环境防治法》的修改是近年来污染防治法制发展中十分亮眼的成绩。当前，《危险化学品安全法》也正处在立法进程中。

近年来，国务院有关部门修改了《放射性同位素与射线装置安全和防护条例》等行政法规，出台了《土壤污染防治基金管理办法》等配套文件，发布了《土壤环境质量　农用地土壤污染风险管控标准（试行）》（GB 15168—2018）等相关标准。2020年12月9日召开的国务院常务会议通过了《排污许可管理条例》，明确根据污染物的产生量、排放量、对环境影响程度等对排污单位实行分类管理，规范排污许可证申请审批程序，强化事中事后监管，加大违法处罚力度，这是污染防治立法走向统一化、精细化的一个重要标志。

8.2.3 自然资源立法基本健全

自然资源法是自然资源开发、利用、管理和保护领域有关法律规范的总称。当前，土地、水、森林、草原、渔业、矿产、海域、海岛等自然资源要素立法基本健全，并且逐渐在促进自然资源开发利用的同时融入生态环境保护的理念和制度。例如，新修订的《森林法》第四十六条增加了保护修复森林生态系统的措施。现行有效的自然资源单行法律包括《土地管理法》、《水法》、《森林法》、《中华人民共和国草原法》（以下简称《草原法》）、《中华人民共和国渔业法》（以下简称《渔业法》）、《矿产资源法》、《海域使用管理法》、《中华人民共和国海岛保护法》（以下简称《海岛保护法》）、《中华人民共和国深海海底区域资源勘探开发法》（以下简称《深海海底区域资源勘探开发法》）、《中华人民共和国资源税法》、《中华人民共和国耕地占用税法》等。结合相关改革进程，当前正在推进《矿产资源法》《草原法》《渔业法》的修改。值得一提的是，国家所有的无线电频谱资源正在成为推动创新驱动和产业发展、培育新动能的重要基础资源和关键要素，制定专门的《无线电频谱资源法》已进入立法视野。

8.2.4 生态保护立法正加速推进

生态保护法是环境保护法较为新兴的领域，也是发展最为不足的领域。以生物多样性的不同层次为标准进行划分，生态保护法内部可以包括野生动植物保护法（针对物种多样性）、生物安全（包括微生物、遗传资源等）保护法（针对遗传多样性）和特殊自然区域（包括国家公园、自然保护区、自然公园、湿地、海岸带等）保护法（针对生态系统多样性）三大子类型。以此为基础，根据特定生态破坏问题应对方法的不同，生态保护法还可以细分出水土保持法、防沙治沙法、退耕还林还草法等子类型。

目前，可以归类为生态保护法的单行法律有《中华人民共和国野生动物保护法》（以下简称《野生动物保护法》）、《中华人民共和国生物安全法》（以下简称《生物安全法》）、《中华人民共和国水土保持法》（以下简称《水土保持法》）和《中华人民共和国防沙治沙法》。2020年2月，以应对新冠肺炎疫情暴发、保障公共卫生安全为现实背景，《全国人民代表大会常务委员会关于关于全面禁止非法野生动物交易、革除滥食野生动物陋习、切实保障人民群众生命健康安全的决定》出台，《野生动物保护法》《中华人民共和国动物防疫法》等法律修改及时予以跟进。2020年10月通过的《生物安全法》确立了生物安全风险监测预警、风险调查评估、信息共享、信息发布、名录和清单、标准、审查、应急等核心制度，是我国生物安全领域的基础性、综合性法律，对环境保护法律体系的完善具有重要的创新示范意义。

当前，以“建立以国家公园为主体的自然保护地体系”为背景，自然保护地相关立法进程加快，《国家公园法（草案）》（征求意见稿）已经完成，《自然保护地法》也处在草案起草过程中。值得注意的是，湿地保护立法显著提速，2021年12月24日十三届全国人民代表大会常务委员会第三十二次会议通过了《中华人民共和国湿地保护法》（以下简称《湿地保护法》）。

在法律缺位的情况下，《中华人民共和国自然保护区条例》（以下简称《自然保护区条例》）、《中华人民共和国人类遗传资源管理条例》等行政法规已经并将继续发挥重要的填补作用。此外，《生态保护红线管理办法（试行）》（征求意见稿）、《生态保护补偿条例（公开征求意见稿）》等先后于2020年下半年对外公开，生态保护法律体系构建取得重要进展。

8.2.5 能源立法初具规模

能源法是能源原材料和产品生产、供应与消费领域有关法律规范的总称。根据能源固有属性的不同，能源法可以划分为可再生能源（包括风能、太阳能、生物质能、地热能、潮汐能、核能等一次能源和电力等二次能源）法和不可再生能源（煤炭、石油、天然气等）法两大子类型。与此同时，从促进节能减排的立法目的出发，能源法还可以涵盖节约能源法、应对气候变化法等较为综合性的立法。当前，可以归属于能源法范畴的单行法律主要有《中华人民共和国核安全法》（以下简称

《核安全法》）、《中华人民共和国电力法》（以下简称《电力法》）、《中华人民共和国煤炭法》（以下简称《煤炭法》）、《中华人民共和国节约能源法》（以下简称《节约能源法》）、《中华人民共和国可再生能源法》（以下简称《可再生能源法》）和《中华人民共和国石油天然气管道保护法》。2018年9月，司法部发布了《原子能法（征求意见稿）》公开征求意见。尤其需要注意的是，2020年12月，生态环境部部务会议审议通过《碳排放权交易管理办法（试行）》，国家发展改革委、国家能源局向国务院报送《能源法（草案送审稿）》，能源法律体系的完善迎来新的契机。

8.2.6 清洁生产和循环经济发展立法逐步完善

资源循环高效利用法是以减量化、再利用和资源化（3R原则）为目标，规范资源、物质和产品全生命周期管理（开采、设计、生产、流通、消费、废弃、再生等）的有关法律规范的总称，其本质是促进现行生产和消费模式的绿色转型，具有十分重要的创新价值。这类单行法律目前主要有《中华人民共和国清洁生产促进法》（以下简称《清洁生产促进法》）和《中华人民共和国循环经济促进法》（以下简称《循环经济促进法》）2部。2020年12月，国家发展改革委组织开展了对《循环经济促进法》《废弃电器电子产品回收处理管理条例》的问卷调查工作，并对《清洁生产促进法》立法后的评估意见建议进行公开征集，相关立法修改有望提上议事日程。值得关注的是，2021年1月28日，全国人大环资委组织召开《资源综合利用法》立法领导小组会议，2月2日，国家发展改革委组织召开《资源综合利用法》立法起草组第一次工作会议，《资源综合利用法》立法工作已正式启动。

此外，需要特别注意的是，党的十九大报告明确指出要加快建立绿色生产和消费的法律制度和政策导向。当前，并非“大部头”，而是具有“小快灵”特点的《中华人民共和国反食品浪费法》于2021年4月通过并施行，该法倡导文明、健康、理性、绿色的消费理念，对推进资源全面节约和循环利用，倡导简约适度、绿色低碳的生活方式，反对奢侈浪费和不合理消费具有重要意义，应属于绿色消费法这一崭新立法领域的范畴。

8.2.7 流域性立法和区域协同立法取得重大突破

作为我国第一部流域专门法律，《长江保护法》已于2020年12月提请十三届全国人大常委会审议通过。该法较好地体现了山水林田湖草统筹治理的生态系统观，将长江流域资源合理开发利用与生态环境保护进行整体性考虑，对发展与保护、流域与区域、私益与公益的关系进行综合调整，开拓了不同于传统环保立法或水事立法的面向“中观”的流域性综合立法新领域。2020年11月，水利部、国家发展改革委已牵头成立黄河立法起草工作小组，黄河流域专门立法正式启动。

在区域层面，《城乡规划法》长期以来发挥了重要作用。当前，自然资源部有关部门正在推进《国土空间规划法》《国土空间开发保护法》的相关制定工作。与此同时，需要特别关注的是，针对区域性生态环境问题进行的区域协同立法开始在实践中涌现。一个鲜明的例子是，为了解决北京周边的大气污染问题、疏解北京的非首都功能，京津冀三地从2014年开始以人大为主导开展了区域地方立法的协同化尝试，并制定出台了《京津冀人大立法项目协同办法》，明确了在地方立法上的协同内容、协同方式、协同程序和协同保障等。作为协同立法的一项成果，2020年1月，京津冀三地同时通过了机动车和非道路移动机械排放污染防治条例，在基本原则、核心条款、关键举措上保持协同一致。此外，白洋淀生态环境治理保护京津冀晋协同立法、赤水河流域保护云贵川协同立法也颇具代表性。

8.2.8 民法、刑法等“绿色化”现象频繁

在推进生态文明法治建设的背景下，民法、刑法等传统法律部门也开始逐步吸纳生态环境保护理念，并结合部门法特色进行相应的制度设计。例如，《民法典》通过“绿色原则”确立了节能和环保的价值判断标准，通过“绿色物权”制度体系建立了环境私益与公益双重保护机制，通过“绿色合同”规则扩展了合同订立和履行的环保义务，通过“绿色责任”提高了环境侵权和环境损害的违法成本。这些“绿色”条款也在很大程度上反哺了环境保护法律制度体系，如《民法典》第

一千二百三十四条、第一千二百三十五条首次明确了环境公益诉讼和生态环境损害赔偿诉讼的实体请求权基础就是明证。另外，于2020年12月审议通过的《刑法修正案（十一）》也结合最新形势对污染环境罪、非法狩猎罪的犯罪构成要件加以完善，修改或新增了非法猎捕、收购、运输、出售陆生野生动物罪，破坏自然保护地罪，非法引进、释放、丢弃外来入侵物种罪等犯罪类型，与修改《野生动物保护法》、制定《生物安全法》《国家公园法》等进程形成了有效联动。

8.3 当前生态文明法律体系存在的主要问题

完备的环境保护法律体系是衡量我国生态文明建设与改革进程规范化、制度化、法治化水平的重要标志。当前，我国的环境保护法律体系并不完善，还存在着一些较为突出的问题亟待解决。[3]

8.3.1 立法存在空白，规范供给不足

第一，当前法律体系内部发展不均衡，存在立法缺失或空白，与引领和保障生态文明建设的现实需求还存在相当大的差距。例如，在自然资源、能源、气候变化、海洋等领域，基础性法律尚不健全；在自然保护地、国土空间开发保护、绿色消费、流域区域治理等领域，还缺少必要的法律制度规范和体制机制安排。当前，有不少党中央确立的重大改革举措还停留在政策层面，如何提高环境保护法律体系对于相关改革实践的回应性和兼容性是摆在我们面前的一个紧迫问题。

第二，不少重要制度还十分单薄，仅有宣誓性、原则性表述，缺乏全面系统的法律规范和配套规定，难以得到真正施行。环境污染强制责任保险、环境与健康保护、环境教育、环境信用评价等制度皆是如此。例如，虽然现行的《环境保护法》第三十九条确立了环境与健康保护制度，但是到目前为止该项制度基本被“搁置”。国家层面对环境健康工作的指导主要依据《国家环境保护环境与健康工作办法（试行）》（环办科技〔2018〕5号）等效力较低的行政规范性文件，相关事权划分缺乏明确的法律依据，这在无形中增加了政府部门间、中央与地方政府间的博

弈难度和谈判成本，缺乏一项法定制度所应有的稳定性与可预期性。

第三，不同层级的立法之间缺少科学分工，难以实现良性互动，不利于形成结构合理的法律体系。由于缺乏必要理论或实践积累，在一些情况下，法律的制定者希望把细化法律有关规定的任务推给行政法规，而对行政法规的细化又被推给部门规章。内容较为详尽的部门规章往往带有非常浓厚的部门利益色彩，这直接影响到生态环境保护立法的科学性与有效性。由于立法的缺漏，司法解释在相当程度上被赋予“造法”的功能，其正当性饱受质疑。例如，2019年6月发布的《最高人民法院关于审理生态环境损害赔偿案件的若干规定（试行）》不囿于传统意义上司法解释的“解释性”而具有创制性，虽然有助于解决实际问题，但生态环境损害赔偿的制度定位和规范构造仍需通过法律加以确认完善。

8.3.2　立法在内容上存在重复、交叉与冲突

第一，不同立法在内容上存在较大重复，虽无大错，亦无大用。从横向来看，有研究显示，《环境保护法》与各单项环境污染防治法的条文重复率超过了30%[4]。从纵向来看，地方在环境立法事项的选择上往往也“向上看”，追求大而全的立法形式，如几乎所有省（区、市）的人大都制定了环境保护条例或环境保护法实施办法，相关条款也存在大量重复。此外，还有部分地方为了就某几个突出的环境问题进行规制，不惜大动干戈修改或重新制定地方的综合性环境保护法规，造成了立法资源的极大浪费。

第二，在不同立法中，规划、评价、许可、标准、监测等制度的交叉重叠现象较为突出，增加了立法成本和行政负担。例如，除建设项目环境影响评价外，《水土保持法》《节约能源法》《中华人民共和国防洪法》（以下简称《防洪法》）等立法还发展出建设项目的防洪评价、水土保持评价、节能评价、节水评价等一系列实际上完全可纳入同一评价体系的多项制度，导致特定建设项目的负责人重复组织技术论证，反复接受不同行政部门的审查批准，无谓地消耗了许多精力和财力。又如，在水环境保护方面，一系列实质上相同或高度相似的制度被各自纳入《水法》的水资源保护和水污染防治两个体系之中，导致制定流域综合规划、水资源保护规

划与流域水污染防治规划，划定水功能区与水环境功能区，设置水体纳污能力指标与水体水环境容量和总量指标等事项时，由于所负责部门的不同而形成冲突，并极有可能在由不同部门主导的《水法》和《水污染防治法》修订进程中被不断强化。

第三，不同立法对于同一或高度相关问题的规定可能存在直接冲突。例如，依据《渔业法》第十一条，单位和个人使用国家规划确定用于养殖业的全民所有的水域、滩涂的，使用者应当向县级以上地方人民政府渔业行政主管部门提出申请，由本级人民政府核发养殖证，许可其使用该水域、滩涂从事养殖生产。而根据《海域使用管理法》第二十二条，该法施行前已经由农村集体经济组织或者村民委员会经营、管理的养殖用海，符合海洋功能区划的，经当地县级人民政府核准可以将海域使用权确定给该农村集体经济组织或者村民委员会，由本集体经济组织的成员承包用于养殖生产。可见，两部法律对于海域权属性质的规定存在明显冲突，相关核准程序亦各不相同。

8.3.3 制度碎片化严重，规范适用性不强

第一，本应进行整体性设计的制度被不同法律、法律规范或条款切割，导致制度碎片化严重。例如，在生态保护方面，物种保护和栖息地保护相分离，动物保护和植物保护相分开，陆生动（植）物保护和水生动（植）物保护相分割。又如，根据相关法律法规和规范性文件，当前我国城市垃圾清运主要由隶属于住建部门的环卫部门负责，该系统关注生活垃圾的污染属性、末端减量化和无害化处置，尚未市场化；再生资源回收由商务部、供销社等管理的回收企业及分散的个体回收者承担，该系统偏重生活垃圾的源头减量化和可回收物的资源价值，是完全市场化的。两个系统相对独立并行，且环卫部门和资源回收部门存在一定的利益冲突，垃圾的源头减量将导致进入环卫末端处置系统的垃圾量减少，直接影响环卫企业的利润，给垃圾的源头分类减量带来阻力。

第二，一些法律规范的适用性不强，不符合立法技术性要求。当前，党中央、国务院发布的一些重要文件中规定的内容被直接写入相关立法，如“生态红线”“河长制”“海绵城市”等。这些新的概念和规范往往停留在贯彻落实大政方

针层面，同原有的法律概念和规范基本没有进行有效重组或融合，哪些是主体法律制度，哪些是配套法律制度尚不够明确，同既有法律制度之间究竟有什么区别和联系也不甚清楚。这在客观上消减了立法的应有效能，还可能强化新旧法律规范之间的重复、交叉及冲突问题。例如，生活概念一旦进入立法领域成为法律概念，就不能为其原有意义所牵绊，而应尽可能具有规范适用意义上的精确性。当前，在资源循环利用领域，产品和副产品、废品和废物、处理和处置、再利用和再生利用、循环利用和综合利用等基本概念的规范内涵仍不明晰，相关立法的科学性受到极大制约。

第三，某些法律制度存在功能冗余，其正当性受到拷问。例如，在一些案件中，环境行政违法行为人在接受环境行政处罚和环境刑事处罚之后又被提起环境民事公益诉讼。本质上看，环境民事公益诉讼是经原告启动诉讼而由法院帮助或替代行政机关履行环境行政管理职责，从而使被告承担其环境行政违法行为所导致的公法责任。行政处罚和刑事处罚会对违法行为本身和行为造成的危害结果进行法律评价。经行政和刑事制裁后的行为人再次因公益诉讼败诉承担赔偿损失、修复生态环境等责任，是对危害结果进行的第二次法律评价，将会导致重复责任，进而加重违法行为人的责任总量[5]。对此，相关立法应加以修正完善。

8.3.4 制度设计理念存在偏差，缺乏价值一贯性

第一，针对源头治理、过程管控和责任追究的制度设计不足。一方面，不少法律制度主要还是“末端治理”的思路，旨在解决已经出现的比较严重的生态环境问题，但无益于从根本上化解生态环境问题。而规划、评价、许可等注重源头治理的制度类型往往承载着替代性监管功能，全过程管控的专门法律制度存在缺失，如生产者责任延伸至今尚未在资源循环利用领域全面建立。另一方面，法律责任体系还不够系统完整，责任追究不能严格到位。例如，立法上未对行政赋权性规则（以“授权”“有权”“可以”为特征）与职责性规则（以“应当”为特征）进行严格区分。从性质来看，职责的设置是为达成行政目标，意味着一定的自由裁量权，并不直接对应法律责任，体现司法对行政专业性的尊让。但若以赋权的宽泛标准适用

于职责，将导致规则内容过度抽象，给责任追究造成困难[6]。

第二，强调市场调控和社会治理的法律制度较少。在当前的立法中，以行政规划、行政许可、行政检查、行政强制等为主的行政管制型制度仍占据核心地位。在市场调控领域，财政、税费、价格、信贷、产业、贸易等方面的制度措施以倡导和鼓励为主且十分零散，自然资源产权规则、运营机制等尚不健全，环境保护税、资源税等在调节环境资源利用行为方面的作用较为有限，排污权、水权交易等试点运行状况在排污总量和用水总量控制不力的情况下也不甚理想。而在社会治理领域，确认和维护公众环境权益的法律制度还不太系统，综合性的生态环境损害救济机制亟待建立，信息公开、公众参与的实体和程序性安排有待完善，社会监督和意见反馈渠道也并不畅通。

第三，聚焦正当程序和保障措施的法律规定欠缺。当前，立法较为偏重实体性规范，标准制修订、监测实施、总量控制步骤等重要内容往往缺乏必要的程序规范，其可操作性大打折扣。与此同时，由于立法机关在行政管理体制改革、人力资源配置和公共财政预算安排等方面缺乏必要的权力，不少法律制度缺少与之相符合的执行机构、人员配备和经费支持。一个鲜明的例子是，2018年3月以来新一轮国务院机构改革全面铺开，生态环境部、自然资源部、国家林草局等部门正式组建，原先存在碎片化、交叉重叠或空白问题的环境保护职责和全民所有自然资源资产所有者职责等得到很大程度的整合与扩展。但与此同时，生态文明领域法律与行政机关“三定”方案等规范性文件规定之间的衔接并不顺畅，有关机构、职能、权限、程序、责任、保障等关键性事项的法治化程度不足的问题仍十分突出。

8.4 新时代完善生态文明法律体系的建议

建立健全中国特色社会主义生态文明法律体系是全面提升我国生态文明建设与改革进程制度化、规范化、程序化、系统化水平的一项重大举措。在崭新的时代背景和历史条件下，可以考虑重点从以下几个方面完善生态文明法律体系。

8.4.1 面向国家重大需求，统筹推进绿色低碳发展等领域的综合性立法制修订

1. 建立健全以《应对气候变化法》为统领的法律体系，保障碳达峰和碳中和目标如期实现

2020年9月22日，习近平主席在第七十五届联合国大会一般性辩论上就中国将提高国家自主贡献力度，采取更加有力的政策和措施，力争二氧化碳排放2030年前达到峰值、2060年前实现碳中和向国际社会作出庄严承诺。在2020年12月12日召开的气候雄心峰会上，习近平主席发表重要讲话，进一步宣布了2030年实现碳中和的四项核心指标，充分彰显了中国作为落实《巴黎协定》的积极践行者，争做全球应对气候变化引领者的负责任大国风范。为有效保障碳达峰和碳中和宏伟目标的实现，应当及早谋划，统筹考虑相关立法的制修订工作。

一是尽快启动应对气候变化专门立法进程，将制定《应对气候变化法》或《碳中和促进法》列入当前立法计划及十四届全国人大常委会立法规划。这样既可以将碳中和与应对气候变化工作纳入法治轨道，又改进了以往主要通过五年规划及其约束性指标来规范应对气候变化工作的做法。我国应对气候变化专门立法历经近十年的起草论证积累仍未出台。目前，国内低碳发展工作主要依据相关政策、规章及规范性文件进行，温室气体控排管理制度体系的构建整体处于初级阶段，与落实《巴黎协定》《联合国气候变化框架公约》的现实需求不相适应。特别是在美国难以通过气候变化相关法律的背景下，我国推动气候变化立法将有利于在国际气候谈判中获得主动权和提升负责任大国形象。制定《应对气候变化法》应当构建以碳排放或温室气体排放总量控制制度为核心，以碳排放许可、碳排放空间配置、碳排放权交易、碳排放测量报告核查等配套制度为支撑，兼及清洁发展与绿色低碳转型等灵活执行机制的法律制度体系，以促进实现碳中和与建设零碳社会。

二是加快制定《能源法》。国家发展改革委、能源局已在2020年5月向社会公开征求意见的基础上形成了《能源法（草案送审稿）》，当前正处在向国务院报送的阶段。应加快推进《能源法》制定工作，重点构建以下基本制度：①能源战略规

划制度，涉及能源战略和能源规划的法律地位、类型、编制依据和内容、程序、衔接、评估、修订、实施和监督等内容；②能源消费强度控制制度，涉及能源强度核算、分解、协同、监管、责任追究等内容；③能源市场准入制度，涉及市场主体进入特定能源领域进行投资经营活动，或者特定能源商品上市销售所需的实体性要件及其程序等内容；④能源价格监管制度，涉及能源市场价格监测分析、能源价格宏观调控决策、垄断情形下的能源定价规制及监管和违法行为查处等内容；⑤能源普遍服务制度，涉及对能源商品供应和能源输配管网服务行业从业者的义务性要求及财税支持手段等内容；⑥能源储备制度，涉及政府储备、企业义务储备、储备动用方面的权义配置等内容；⑦能源应急制度，涉及能源突发事件事件分类、能源应急事件分级、能源应急准备和启动等内容。

三是一揽子修订《电力法》《煤炭法》《节约能源法》《可再生能源法》《土地管理法》等相关法律。为如期实现碳达峰和碳中和目标，应加快推动产业结构和能源结构的低碳转型，构建高比例可再生能源体系，全面协调推进光伏发电、风电、水电等可再生能源发电，因地制宜地发展生物质能、地热能和海洋能，推动煤炭等化石能源消费尽早达峰，深入推进工业、建筑、交通等重点领域节能降耗，持续提升新基建能效水平。为此，应当在加快制定《能源法》的同时统筹考虑《电力法》《煤炭法》《节约能源法》《可再生能源法》《土地管理法》等相关法律的修订工作，最大限度地释放和提升能源法律体系的治理效能。

2. 以统筹修改《循环经济促进法》和《清洁生产促进法》为重点，完善资源循环利用法律体系

党的十九大报告明确提出要“加快建立绿色生产和消费的法律制度和政策导向”，此后一系列重要文件多次重申了这一要求。党的十九届五中全会通过的《中共中央关于制定国民经济和社会发展第十四个五年规划和二〇三五年远景目标的建议》特别强调“强化绿色发展的法律和政策保障”。推动绿色发展、促进绿色生产和消费已成为时代赋予生态环境保护立法的新使命。

新修订的《固体废物污染环境防治法》明确了固体废物污染防治减量化、资源化、无害化的“三化”原则，理顺了固体废物污染防治的科学逻辑、行为准则和法律结构，强化了政府统筹管理，并进一步明确了各部门的职责，建立了区域统筹和联防联控机制，夯实了企业和个人的法律责任，其立法成绩应予以肯定，其实施成效值得期待。固体废物污染防治涉及资源再生、循环利用和最终处置等全过程，应当运用好《固体废物污染环境防治法》建立的法治框架、立法空间与制度接口，力求提升资源循环高效利用法制的整体效能。

一是修改《循环经济促进法》。发展循环经济是我国生态文明建设和绿色发展的基本路径，也是当前主要先进国家的共识。作为资源循环高效利用领域的综合性立法，修改《循环经济促进法》应从促进绿色生产和消费的整体性视角出发，以促进资源循环高效利用为主要目标之一，围绕资源开采、设计、生产、流通、消费、废弃、再利用、再生利用、其他利用（热回收、回填等）、最终处置的全生命周期进行系统的制度构建。在行政规制方面，应当进一步强化已有的循环经济发展规划、监管、标准、目录、统计、评价与考核等制度，并完善绿色采购、法律责任的有关制度安排；在市场机制方面，应当在企业的生产过程中逐步建立起限制过度包装、产品强制标识、废弃物交易、废弃物处置的第三方服务等制度，完善投融资、大数据交流平台等机制设计；在社会治理方面，应当完善公民的绿色消费、社会监督、公益诉讼等制度，鼓励和扶持循环经济联盟等行业组织，以及各类循环经济科研、服务机构的发展，并进一步丰富循环经济文化，建立循环经济教育示范基地、展览馆、博物馆等。未来，也不排除制定像日本《促进建立循环型社会基本法》那样的更具一般性、统领性的法律。

二是修改《清洁生产促进法》。清洁生产是循环经济发展的重要一环，也是绿色生产的核心，《清洁生产促进法》的修改方向应当是成为绿色生产法律体系的基础性法律，在修法时强化政府、企业、科研机构、金融机构等多元主体的责任义务，重点考虑完善如下制度：①绿色设计制度。应在坚持“3R”原则的基础上构建绿色设计制度，充分考虑产品及其包装物的回收再利用要求，以试点先行的方式完善配套标准，可借鉴日本“逆向制造”的生产模式，提倡企业设计和生产高质量、可跨平台通用的零部件。②绿色供应链管理制度。在依托市场供应关系的基础上，应将核心企业作为切入点和重点，通过激励形式使其进行生态化转变，深化其供应商、销售商管理，在产业链内传递绿色理念，并逐步扩大“生态企业”的范围，促进产业链“绿色”程度稳定提升。③清洁生产审核制度。应逐步扩大清洁生产审核规制企业的范围，注重加强与“领跑者”制度的衔接，进一步完善人才队伍建设、生产审计及统计等相关配套制度。④农业清洁生产制度。应进一步明确行政主管部门及其监管体系，构建农产品绿色生产及产品标准体系，完善基金设立、税收优惠、表彰奖励及信息平台建设、技术指导等激励保障措施。

三是探索制定《绿色消费促进法》。2016年，国家发展改革委等十部门联合印发的《关于促进绿色消费的指导意见》（发改环资〔2016〕353号），将绿色消费界定为“以节约资源和保护环境为特征的消费行为，主要表现为崇尚勤俭节约，减少损失浪费，选择高效、环保的产品和服务，降低消费过程中的资源消耗和污染排放”。目前，我国绿色消费在法律层面更多地体现为对消费者和企业绿色消费的价值倡导和积极引导。《清洁生产促进法》虽课以政府部门节能和环保产品优先采购的义务，但相关要求并未在2014年修订《中华人民共和国政府采购法》时予以采纳和细化。一些财政、税收、金融方面的法律制度仅从侧面对绿色消费起到了一定的激励作用。总体来看，当前我国绿色消费的法律制度还处于基础构建阶段，亟待将绿色消费的权利义务、奖惩措施、保障措施等加以规范化、制度化、法律化。考虑到绿色消费涉及多个主体、多个环节、多个领域，为强化统筹协调，探索制定专门的《绿色消费促进法》不失为一种方案。当然，在何种深度和广度上配置相关责权利，还需要对国家政治意志、社会经济水平、国民文化素养等复杂因素进行综合权衡。为此，建议将绿色消费立法列为全国人大常委会的第三类项目，进一步加强研究论证。

3. 推动《环境保护法》修改，探索制定《环境诉讼特别程序法》

一是适时推动《环境保护法》修改。与编纂环境法典的热潮截然不同，近些年《环境保护法》的修改问题明显遇冷。学术界较为一致的观点认为，现行《环境保护法》在内容上仍然以污染防治为主，难以称之为真正意义上的生态环境保护“基本法”。从历史的角度来看，在基于当时国外先进环境保护理念而制定的《环境保护法（试行）》中，污染防治、生态保护与自然资源保护的规定是并重的。但是，随着国家机构改革的不断深入，生态和自然资源保护的职权逐步向土地、林业、海洋等资源管理部门集中。相应地，《环境保护法》的规制重点开始转向污染防治，土地、矿产、森林、草原等自然资源的利用和保护则更多地交由单行立法予以分别规定。即便是在污染防治领域，《环境保护法》的理念也开始落后于后进的污染防治单行法。一个典型的例子是，《土壤污染防治法》率先确立了风险预防的原则及其制度。而在生态文明体制改革与法治建设的新形势下，生态环境保护的广度和深度又发生了显著变化，亟待对《环境保护法》的法律原则和法律制度进行全方位更新，为生态文明建设提供更为全面系统的法制引领和保障。为此，建议尽快由全国人大常委会启动《环境保护法》执法检查，立足生态文明体制改革与法治建设的新进展、新要求，适时推动《环境保护法》修改，统筹考虑污染防治、自然资源保护、生态保护、应对气候变化等方面的体制机制与制度构建。

二是探索制定《环境诉讼特别程序法》。典型的环境诉讼可以分为环境私益诉讼和环境公益诉讼。其中，环境私益诉讼旨在救济个人人身、财产权益，主要是指环境侵权诉讼，按照原因行为不同又可以分为环境污染侵权诉讼和生态破坏侵权诉讼。环境公益诉讼旨在救济生态环境公共利益，按照被诉对象的不同可以分为环境民事公益诉讼和环境行政公益诉讼，按照起诉主体不同则可以分为由环保社会组织提起的环境公益诉讼、由检察机关提起的环境公益诉讼和由行政机关提起的生态环境损害赔偿诉讼。由于环境案件所固有的复杂性、技术性和不确定性，环境诉讼需要适用不同于传统侵权诉讼、行政诉讼的特殊规则。目前，除《民法典》《行政诉讼法》《民事诉讼法》等立法中的少数规范外，相关诉讼规则主要由司法解释加以规定，效力层级较低且尚存显著不足，无法满足司法实践需要。为此，顺应环境司法专门化的发展趋势，建议效法《中华人民共和国海事特别诉讼程序法》制定《环境诉讼特别程序法》，就不同类型环境诉讼的原告资格、适用范围、起诉条件、诉前程序、诉讼时效、诉讼请求与责任形式、审理规则、审判程序、证据规则、诉讼处分、费用分担、判决执行、部门权责、公众参与及本诉与其他救济机制的顺位关系等作出细致规定。

8.4.2 强化环境风险防控，补齐污染防治立法短板

1. 统筹制定《化学安全法》和《危险化学品安全法》

在物质性污染方面，化学品污染防治是一个重点。目前，公开发布的《危险化学品安全法（征求意见稿）》以危险化学品生产、贮存、销售、运输、研发、使用、废弃处置的全链条安全管理为主线进行体制重塑、制度构建和机制保障，其积极意义值得肯定。但是应予承认的是，该法无法涵盖化学污染、外国遗留化学武器处置、化学恐怖袭击防范等涉及国家安全的诸多问题。在总体国家安全观的指导下，制定一部具有基础性、综合性和统领性的《化学安全法》应提上议事日程。未来一段时间，建议协同推进《化学安全法》《危险化学品安全法》的立法进程，在《化学安全法》中进一步明确化学安全监管的基本理念、目标、原则、适用范围、监管体制、关键制度、法律责任、保障措施、核心概念释义等，对《危险化学品安全法》进行有效的价值指引，并留下足够的规制空间。

2. 以《核安全法》为统领，加快制定《原子能法》，修改《放射性污染防治法》，制定《核损害赔偿法》

在能量型污染方面，建立健全核安全法律体系将是一个重点。2017年9月，全国人大常委会审议通过了《核安全法》。该法重在规范核设施、核材料及相关放射性废物的预防、保护、缓解和监管等安全措施，防止由于技术原因、人为原因或者自然灾害造成核事故，最大限度地减轻核事故情况下的放射性后果。需要注意的是，《核安全法》同时也是以《中华人民共和国国家安全法》（以下简称《国家安全法》）为统领的国家安全法制保障体系的组成部分。除核安全外，资源安全、生态安全乃至生物安全也处于《国家安全法》的调整范围之内。可见，环境保护法律体系与国家安全法律体系之间呈现出相当程度的沟通与融合态势，这正是中国特色社会主义法治体系多元性、开放性的鲜明体现。在保障核安全的法治框架下，制定《原子能法》已列入立法规划，应在新形势、新目标下加快推进，对原子能行政主管部门和安全监督机构的职责和权力、核科学研究与产业发展、核矿藏的开采、核材料的管制、核设施的监督和管理、核废物的处理和处置等重

要内容予以全面规制。与此同时，建议尽快启动《放射性污染防治法》的修订工作，从全周期、全要素、全流程的视角规范放射性废物管理；同时，从节省立法资源等角度考虑，不宜另起炉灶制定《放射性废物管理法》。另一个不容忽视的问题是，对核事故损害赔偿立法是世界发展核电国家的普遍做法，《核安全法》中对核损害的赔偿问题仅作了原则性规定，还存在显著不足。核损害赔偿法制缺位不仅使公民人身、财产损害与生态环境损害无法有效救济，给投资者带来巨大损失，甚至会危及社会安定和国家安全。为此，建议制定专门的《核损害赔偿法》，对核事故的监测预警、应急处置，核损害的赔偿责任、赔偿基金、强制责任保险、国家兜底责任等重要内容作出系统性安排。

8.4.3 加强生态保护和自然资源领域改革授权，推动国家公园、国土空间管制等立法进程

1. 以制定《国家公园法》为优先，统筹制定《自然保护地法》和《国家公园法》，构建以国家公园为主体的自然保护地法律体系

按照“国家公园为主体、自然保护区为基础、各类自然公园为补充”的自然保护地格局，理想状态下的自然保护地法律体系应当是以自然保护地基础性立法为统领，以国家公园、自然保护区、自然公园等不同类型保护地的法律、法规或规章为主干，辅以各类规划、标准为支撑，是一个相互协调配合的完整法律系统。从现实情况来看，十三届全国人大常委会已将制定《国家公园法》列入二类立法计划，并启动了相关立法研究工作。而根据自然资源部2020年的立法工作计划，《自然保护地法》目前作为论证储备类项目，由国家林草局研究起草。由于在效力等级上《国家公园法》与《自然保护地法》是平行的，因而做好二者之间的衔接显得尤为重要。在新冠肺炎疫情常态化防控的形势下，应坚持依法设园的基本原则，放缓国家公园的正式设立。考虑到国家公园体制改革、设立和制度建设的紧迫性，应当优先加速国家公园立法进程，通过促进国家公园建设实现自然保护地体系的制度破冰，以国家公园带动其他保护地向前发展，解决体制机制痼疾，为中国特色的自然保护地体系建设提供示范标本和成功案例。总体而言，《国家公园法》应当以生态保护

优先、国家代表性与全民公益性为核心构建制度体系。但结合其先行启动制定的客观现实，《国家公园法》的具体规定应当按照与《自然保护地法》相关规定的关系密切程度进行类型化处理：对于体现自然保护地体系基本方向和基本原则的内容，如对系统性保护重要的自然生态系统、自然遗迹、自然景观和生物多样性，提升生态产品供给能力，维护国家生态安全的基础性制度应作出必要规定，以便在《自然保护地法》可能缺位的情况下发挥“基本法”作用，对其他类型保护地建设进行必要指引；对于可普遍适用于其他保护地类型的内容，如特许经营、保护地役权、社区协同发展等，应适当考虑与《自然保护地》法相关内容的区别，重点确立适用于国家公园的规范细节；对于仅适用于国家公园的特殊性规定，如国家公园的国家属性及划定方法、国家自然资源资产产权、中央政府保障等，则不必考虑与《自然保护地法》的衔接问题。[7]

与此同时，制定《自然保护地法》应尽快写入全国人大常委会立法规划。未来《自然保护地法》应明确自然保护地治理的目标、原则等一般性规定，构建以分类、分级、分区管控为基础，目标考核评价、自然资源有偿使用、生态保护补偿、生态承载力监测预警、信息公开和公众参与等为支撑的制度体系。

此外，还应协同推进《自然保护区条例》《风景名胜区条例》修改，以及自然公园条例的统筹制修订，并制定各类自然公园的具体管理办法。

2. 以制定《国土空间规划法》为优先，统筹制定《国土空间规划法》和《国家空间开发保护法》，构建国土空间管制法律体系

空间规划立法被十三届全国人大常委会立法规划列为第三类项目。基于实践中“多规合一”体制机制改革的持续深化，加快空间规划立法具有必要性和紧迫性。与此同时，《国土空间规划法》的制定也将为制定《国土空间开发保护法》（属第二类立法项目）奠定重要基础。这是因为国土空间的开发与保护涵盖调查、评价、规划、开发、利用、修复、治理、保护等诸多环节，国土空间规划法制格局的率先形成能够在相当程度上厘清国土空间开发保护的立法思路，节省有关立法成本，从而加速其立法进程。基于此，应当以制定《国土空间规划法》为优先，统筹制定《国土空间规划法》和《国家空间开发保护法》，构建国土空间管制法律体系。其中，制定《国土空间规划法》应当构建以“多规合一”的国土空间规划为核心的制度体系，涉及对国土空间总体规划、专项规划和详细规划的编制、实施等诸多问题。制定《国土空间开发保护法》应当以国土空间规划为基础，构建以国土空间用途管制为核心的制度体系。以生态空间用途管制为例，除了建立分级（区分生态保护红线和一般生态空间）、分类（区分森林、草原、湿地、河流、湖泊、滩涂等）的自然生态空间管理模式，还需对生态空间内部建设用地、农业用地如何进行管控，生态空间内部用途之间如何转换，以及生态空间是否和如何向城镇空间、农业空间转变等问题制定一整套法律规则。

与此同时，以国土空间规划的相关要求为基准，应当重点对《城乡规划法》中有关城乡规划、《土地管理法》中有关土地用途管制和土地利用总体规划的内容进行统筹修改。

3. 实行自然资源资产分类管理，推动重点领域自然资源法律修改

《中共中央关于制定国民经济和社会发展第十四个五年规划和二〇三五年远景目标的建议》明确提出要“健全自然资源资产产权制度和法律法规”。根据自然资源资产社会经济属性的不同，可以将公益性自然资源资产与经营性自然资源资产区分开来，并按照不同目标和原则分别管理。其中，公益性资产（自然保护区等特殊保护区域、各类政府公共用地等）的目标是提供各种基础性、公共性的产品和服务，一般应以资源的储存、保护和可持续利用为原则，采取公共行政手段加以管理，严格限制或禁止其经营性利用，并主要考核资产的生态服务质量及管理成本等。而经营性资产（矿产资源、林木资源、经营性建设用地等）的目标在于促进相关产业发展并获取相应国民收入（直接出让资产的收益、税收等），因而主要采用市场手段管理和运营，对经营性利用行为不施加过多行政干预，并主要考核其资产价值增值和净收益增长状况。为此，建议以《民法典》物权编的相关规定为基础，研究制定《自然资源资产管理法》，系统构建两类自然资源资产代理、监管、核算、审计、市场运营等制度体系。

就自然资源单行法而言，应当强化法律制度创新与相关领域改革成果的有效对接。在施行新修订的《土地管理法》的基础上，加快推进《矿产资源法》修订进程，尚有几部自然资源法律应予重点修改。①《水法》于2002年大修过一次，但至今已有近20年，与落实“节水优先、空间均衡、系统治理、两手发力”的新时代治水思路和发挥水资源最大刚性约束作用等相比已经明显滞后。可考虑以《长江保护法》作出的流域水资源治理创新为契机，推动《水法》修改。②当前，新修订的《森林法》施行不久，《湿地保护法》刚刚发布，《关于全面推行林长制的意见》正式印发，建议通过开展相关执法检查推动《草原法》修改，在管理体制、规划、标准、执行机制等层面处理好与相关政策法律的有效整合或衔接，避免造成更多的制度冗余和实施困境。③时下国家海洋强国战略正在整体性推进，涉海管理体制也发生了重要变化，海洋生态环境保护相关制度措施已不能完全满足新时代海洋治理的形势和要求。当前，亟待在《海岛保护法》《海域使用管理法》《深海海底区域资源勘探开发法》《中华人民共和国领海及毗连区法》《中华人民共和国专属经济区和大陆架法》等构成的涉海法治框架下，统筹考虑海洋基本法的制定和《海洋环境保护法》的修改。

8.4.4 扎实推进流域专门立法，积极探索区域协同立法模式

1. 借鉴制定《长江保护法》的有益经验，推动制定《黄河生态保护与综合治理法》，并在此基础上探索制定《流域综合管理法》

2019年9月，习近平总书记在黄河流域生态保护和高质量发展座谈会上强调，要坚持绿水青山就是金山银山的理念，坚持生态优先、绿色发展，以水而定、量水而行，因地制宜、分类施策，共同抓好大保护，协同推进大治理，让黄河成为造福人民的幸福河。为贯彻落实党中央、国务院决策部署，水利部、国家发展改革委已牵头成立黄河立法起草工作小组，相关工作正在有序推进。与《水法》《水污染防治法》《水土保持法》《防洪法》等宏观的基础性、普遍性涉水法律不同，黄河生态保护与综合治理法属于“中观”层次的“特别法”。

黄河流域横跨东、中、西部，既是我国重要的生态安全屏障，也是经济发展和人口活动的重要区域，是以黄河水道为基础、纽带和支撑的自然地理-社会经济复合系统。推动黄河立法应充分借鉴制定《长江保护法》的有益经验，基于黄河流域

的特殊性，以流域空间系统性思维并结合区域性特征为指引，着力打破既有条块分割界限，消解部门利益主导格局，以黄河流域中央事权、地方事权与流域事权的科学区分与合理配置为主线，构建权力与权力、权力与权利、权利与义务、义务与责任间的统筹、协同和制约机制，实现流域治理从对立到合作、从竞争到共赢的转变，形成多元共治新格局。为此，应当全面厘清流域与区域、水域与陆域的空间关系，综合考量上下游、干支流、左右岸山水林田湖草沙等生态系统的完整性，深刻洞察与流域发展勾连的城市化进程、产业化布局、文化传承等事务之间的紧密联系，确保黄河流域生态环境保护与高质量发展有关的目标设定、体制安排、制度设计、机制保障、政策配套的统筹规划与协同共进。

黄河流域不同地区的自然禀赋、经济社会条件千差万别，黄河生态保护与综合治理法应聚焦黄河流域特殊问题，分类施策，注重制度创新，如以流域干支流水资源统一配置调度制度为核心优化水量分配、水沙关系及水资源高效合理利用，以流域防汛统一调度、区域水利控制和综合协调制度为核心加强灾害防治，以流域文化遗产挖掘、整理、认定、保护、宣传和利用制度为核心促进文化传承，以解决黄河各河段突出问题为核心推进有利于上游保护地、中下游滩区、河口湿地及内陆河流域冲突解决的相关制度安排，等等。

从主体功能区的角度来看，三江源、祁连山等生态功能区以涵养水源、保护生态为己任，应构建统一的生态环境监测预警和信息共享机制，完善重点草原、湖泊、湿地生态保护修复制度，建立健全多元化的生态保护补偿机制，探索各类自然保护地的社区参与机制，推动形成生态产品价值实现机制，夯实生态扶贫制度保障；河套灌区、汾渭平原等农产品主产区要实施最严格的水资源保护利用制度，统筹推进生态环境综合治理、系统治理、源头治理，推动流域污染防治联防联控，健全绿色农业体系，完善农产品质量标准体系和粮食安全保障体系；沿黄城市化地区应当抓住水沙关系调节这个“牛鼻子”健全水旱灾害综合防治体系，建立流域高质量发展规划体系，构建差异化目标考核评价机制，健全环境税收、绿色信贷、绿色债券、排污权交易、水权交易等政策支持体系，建立可再生能源、旅游康养、文化创意等特色优势产业体系，推广政府和社会资本合作模式，强化生态环境保护公众参与机制。

除长江、黄河外，珠江、海河等五大流域也横跨多省市，是否需要针对每一流域制定专门法律是一个需要深入研究的问题，目前看来这种方案难度较大，似亦无必要。建议在长江、黄河专门立法的基础上，可考虑研究制定统领性的流域综合管理法，明确流域综合管理的一般原则、目标、体制、制度、机制等核心内容，为其他各流域实现综合管理奠定法治框架和基础。

2. 在尊重现行立法和行政体制下，探索形成区域协同立法新模式

区域性协作立法是在现行立法体制和行政体制下，区域内各立法主体通过签订协作协议或者成立协调机构，就区域性立法的理念、目的、原则、规范、结构、技术等进行充分沟通、会商和协调，从而实现立法协作，是一种具有高度适应性和灵活性的地方立法模式。

在实践中，区域性协作立法主要有两种典型模式：一种是签订立法协作协议分头起草模式。这是指区域内各地方立法主体先共同签订立法协作协议，再分头进入立法程序，由各自法制工作部门负责组织起草，然后统一对各自起草的法律文本内容进行协调和审议，形成区域性立法的草案，最后由各自人大分别审议通过。通过签订立法协议，可以指导并督促各立法主体将相关议定内容转化为各自的地方性法规或规章条款。其中，区域性地方性法规由地方人大及其常委会根据立法协议制定，区域性规章由地方政府根据立法协议制定。这种协作立法模式的针对性较强且相对简便易行，能够有效释放地方立法主体的积极性、主动性。另一种是设置立法协调机构共同起草模式。这是指在区域内共同成立一个立法协调机构（立法协调委员会或联合立法工作小组），负责区域性立法协调工作。该机构主要由地方人大法工委和政府法制办负责同志组成，辅以必要的工作人员，并吸收相关领域专家学者参加。这类机构不具有立法审议权，其核心职能是在立法规划、立法调研、文本起草、信息交流、协调冲突等方面发挥组织协调作用。立法协调机构通过召开会议讨论立法项目，共同研究论证和起草法律文本，待草案成熟后再分别提交各自立法主体审议通过，最后各自公布。这种协作立法模式打破了相对封闭的立法运作程序，使各立法主体之间的理念可以相互影响、利益能够彼此兼顾，从而有利于区域法制统一。

为有效规范和指引区域性协作立法，一方面，全国人大和国务院有关部门应当制定“建立健全区域协同立法工作机制的若干意见”之类的政策性文件，为区域性协作立法提供统一的制度和技术保障。文件应重点规定协调机构（立法协调委员会或联合立法工作小组的设置、组成、权限、职责等）、协作协议（主体、基本内容、效力、程序、违约责任等）、工作机制（会商、起草论证、征求意见、备案审查等）等内容。对于某些符合条件的立法项目，可以采取政府购买公共服务的方式委托专家学者进行起草。为了保障区域立法的协同一致，有权主体还可以考虑构建立法的跟踪评估和定期清理制度。另一方面，全国人大常委会可以考虑制定立法解释，围绕区域性协作立法的主体资格、权限范围、法律效力、审批程序等重要问题作出明确规定。若时机合适，则可以通过修改《立法法》《中华人民共和国地方各级人民代表大会和地方各级人民委员会组织法》的方式直接确立区域立法的宪法地位。

参考文献

[1] 程多威，王毅. 以法治引领和推动生态文明改革[J]. 中国生态文明，2017(4)：72-74.

[2] 程多威. 国务院依照宪法调整机构意义重大 生态文明建设的重大选择 行政管理体制的战略重塑[J]. 中国生态文明，2018(2)：31.

[3] 王毅，程多威. 加快统筹立法和立法创新，促进生态文明建设进程[J]. 中国人大，2017(9)：19-20.

[4] 吕忠梅. 环境权入宪的理路与设想[J]. 法学杂志，2018(1)：23-40.

[5] 龚学德. 论公法制裁后环境民事公益诉讼中的重复责任——以湘盛公司案为例[J]. 行政法学研究，2019(6)：113.

[6] 杜寅. 环境立法确定性命题的提出与展开——以固废法体系为例[J]. 中国地质大学学报(社会科学版)，2019(3)：49.

[7] 吕忠梅. 以国家公园为主体的自然保护地体系立法思考[J]. 生物多样性，2019(2)：133-135.